阿富汗
编织基础教程和花样
100

日本宝库社 编著　　梦工房 译

河南科学技术出版社
· 郑州 ·

目　录

一、基础知识和技法

阿富汗编织在编织课程方面有若干项的基础技法。
如果没有正确地掌握这些基础技法就转向花样编织，马上就会遇到问题。
随意地按照自己的习惯方法编织不仅不能进步，也无法指导学生。
为了使手编3技法中最难的阿富汗编织技法更精湛，一定要掌握基础技法。

A. 起针针数的决定方法

1 和必要针数相同

①编织和必要针数相同的锁针（图中是必要针数为10针的例子）。
②因为起针时最后挂在针上的针目是编出的1针，跳过第1针的锁针，从第2针开始挑针。
③跳过第1针编织时，角明显呈现四角形。

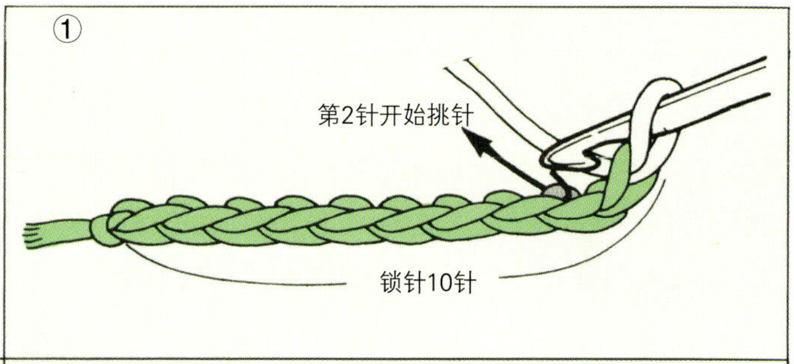

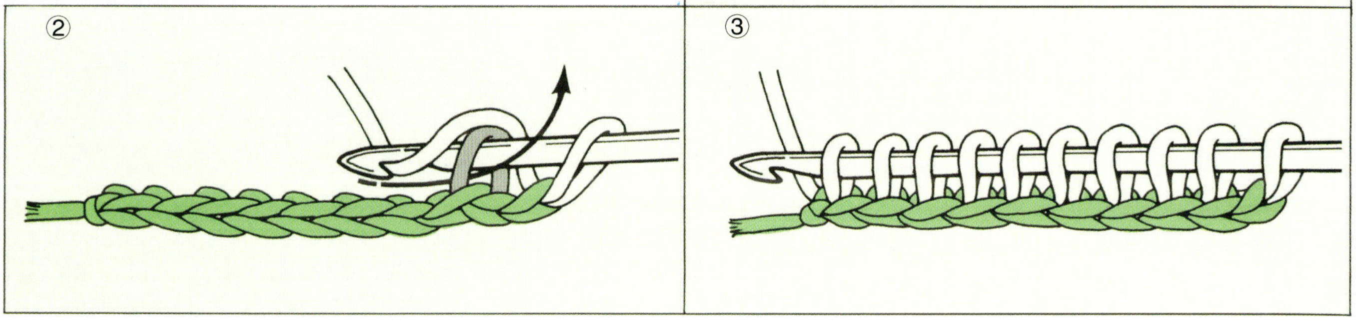

2 必要针数减1针

①起针的针数等于必要针数减1针（图中是必要针数为10针的情形，起针是9针）。
②从最初的锁针开始挑针。
③从最初的锁针挑针时，角呈现圆形。

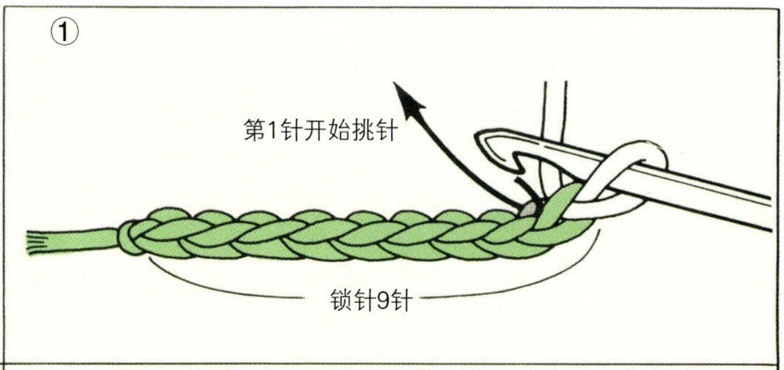

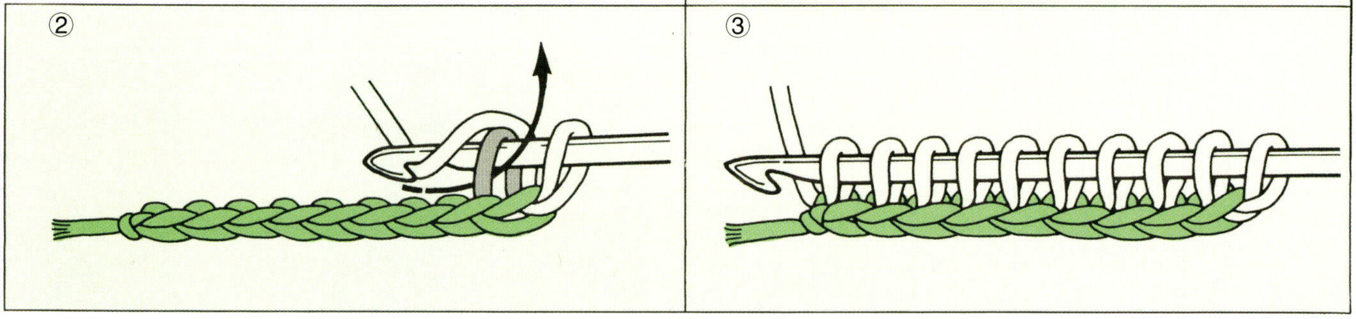

B. 起针的针的号数

因为从锁针的所有针目开始挑针，与钩针相同的话，起针的针目就会歪斜。建议用比编出针的号数粗1~2号的针编织起针锁针。

C. 从起针开始挑针的方法

1 挑起锁针的里山

从起针锁针的里山挑针时，因为不破坏起针的锁针，所以端线会很整齐。

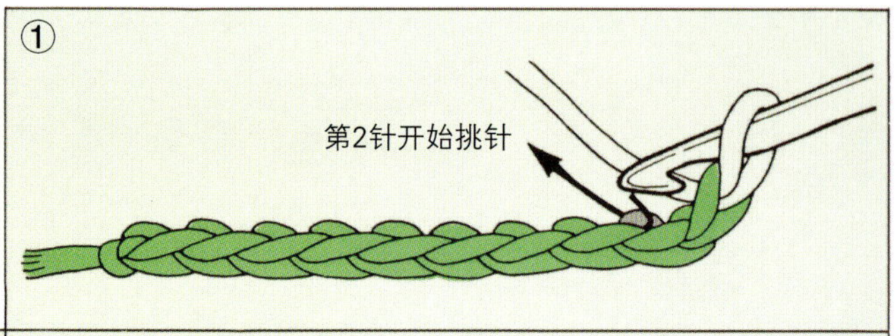

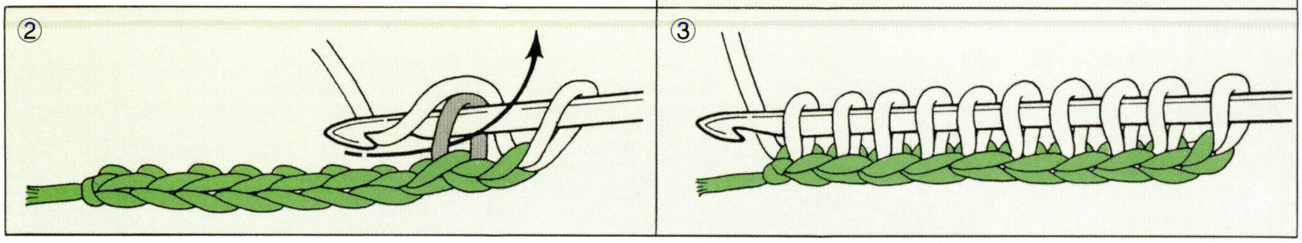

2 挑起锁针的半针

挑起起针锁针的上方的半针的方法，挑针的位置容易掌握，能够不使锁针滚动地挑起，但是破坏了起针的锁针。

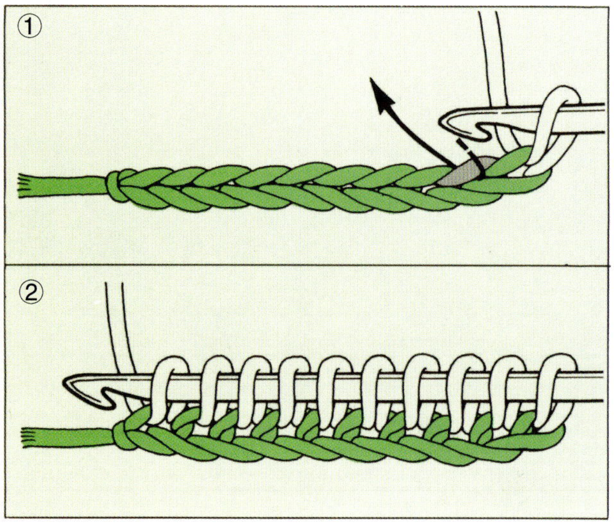

3 另线锁针起针

另线锁针起针。起针针数和必要针数相同，挂上编织线从锁针的里山挑针。在之后的编织中解开起针，向相反一侧能够编出。

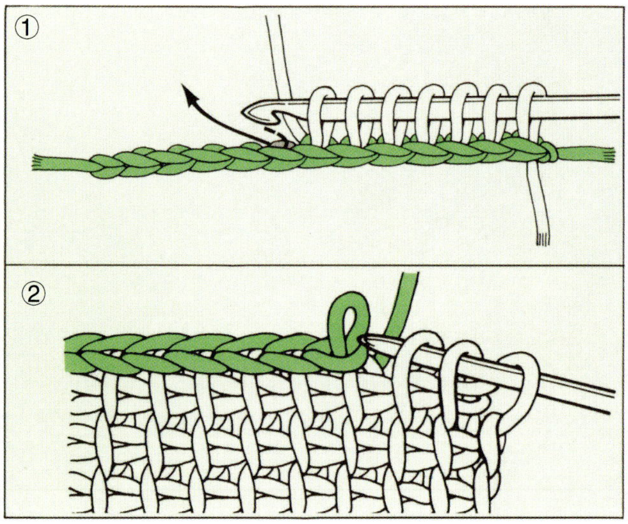

D. 左端针目的挑针方法

1 挑起左端1根线的方法

所有的行前进到最后的针目时，挑起上一行左端的竖针1根线进行编织。用这种方法编织时，左端的线变得稍稍有些不稳定，但是缝合边缘或是挑针编织边缘针目时容易使用。

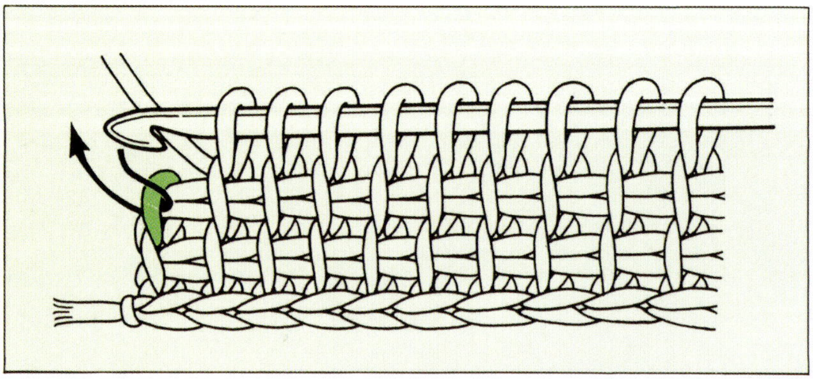

挑起左端1根线的织片

2 挑起左端2根线的方法

所有的行前进到最后的针目时，挑起上一行左端的竖针和接着退针后面里侧的线共2根线进行编织。

用这种方法编织时，织片左端的线非常稳定，但是边缘针目的状态被破坏，不适用于需要缝合边缘或是挑针编织边缘针目的作品。在边缘针目直接使用的图谱等作品中使用。

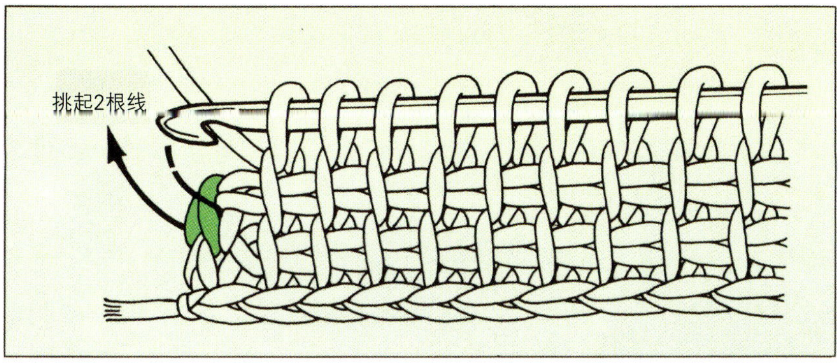

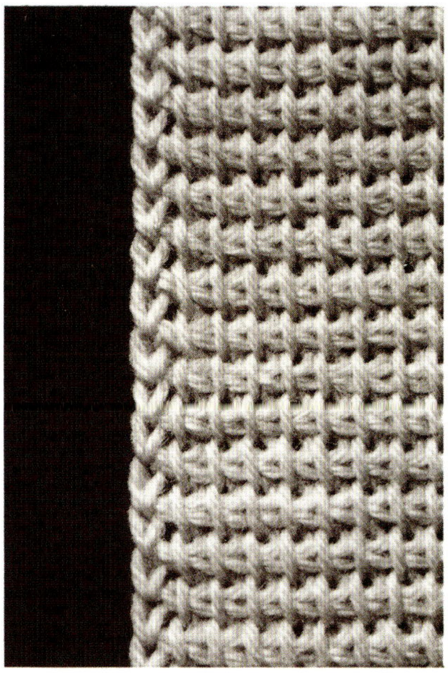

E. 后退编织开始的编织方法（退针针目）

1 首先引拔1针

后退编织开始时，首先只引拔1针，接着与编织正常的退针一样，2针2针地引拔。

用这种方法编织时，左端针目和第2针的间隔与其他针目间的间隔相同，所以普遍会使用这种方法。

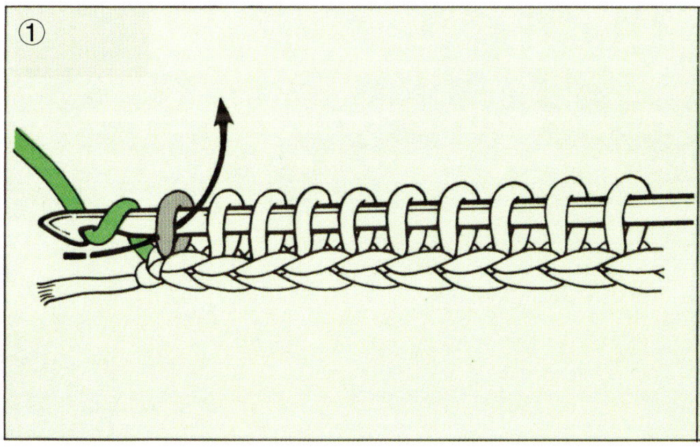

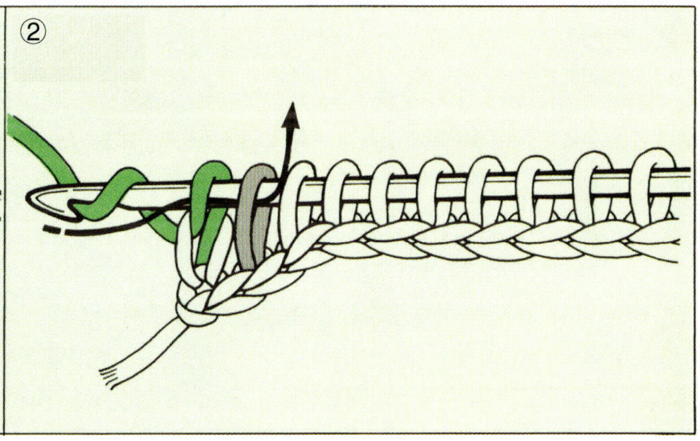

2 一起引拔2针

从左端开始2针2针的引拔方法。因为左端针目和第2针的间隔变小，编织简单的阿富汗编织时不使用。左端的第2针因为是上针或扭针而针目向右侧倾斜、端边针目的间隔扩大等时使用。

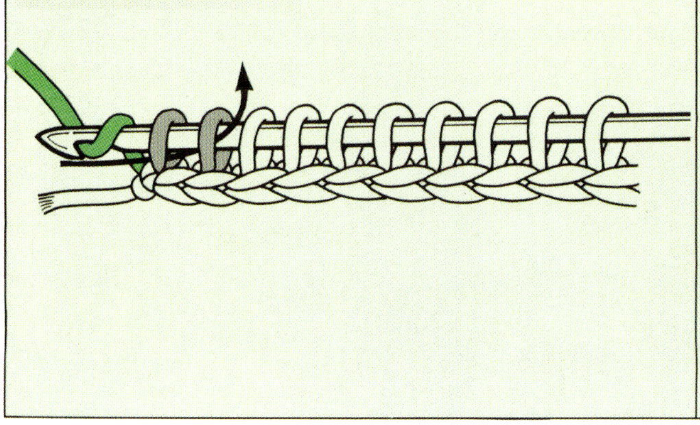
① 左端引拔2针。

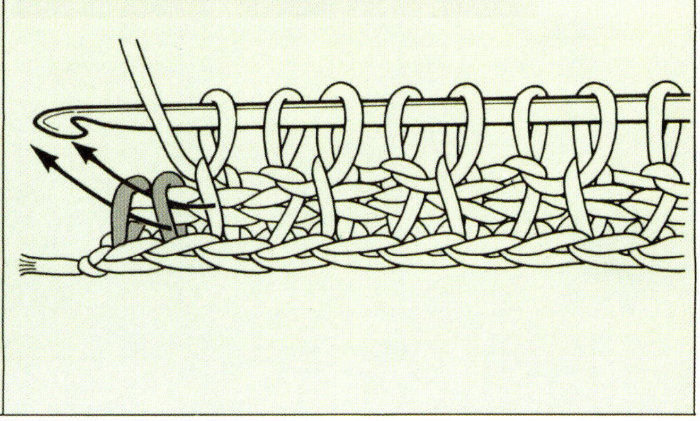
② 下一行的前进针，1针1针地挑针编织。

F. 织片卷缩与针目的平衡

阿富汗编织是只看着正面编织的。如果前进和后退的针目的平衡被破坏，织片会变得一圈一圈地卷曲起来。

前进时线在正面排列，后退时线从反面出来。前进的编织方法过紧、后退的编织方法过松时，织片会变得卷曲。因此，前进编织时相对较松地引出线，后退编织时针上的线要拉匀。

竖针紧时织片变得卷曲。

退针针目过松时反面的线凸起来。

编织平衡的美丽的织片。

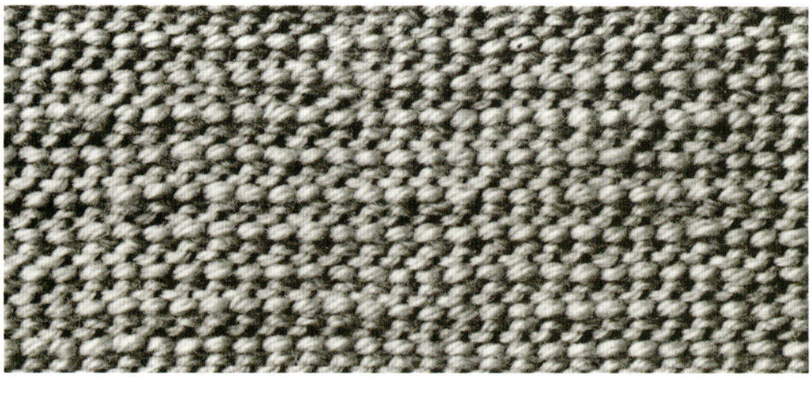

编织平衡的织片的反面。

二、编织符号和编织方法

阿富汗编织的编织符号使用JIS（日本工业规格）规定符号。
另外，与棒针编织相同，符号图表示从织片的正面看到的情形。

阿富汗编织
符号的表示方法

后退

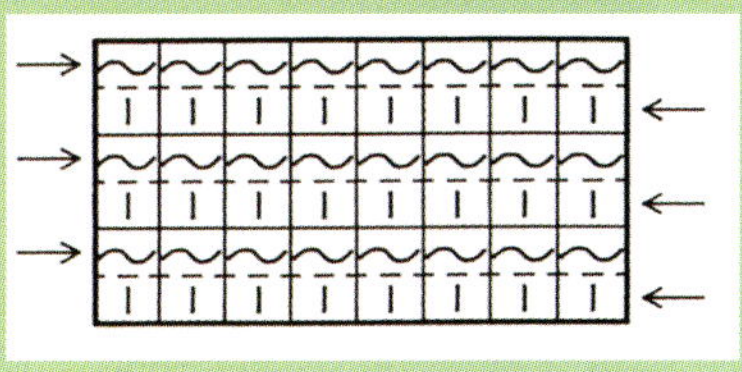

前进

※竖针是表示前进的针目

1 ○ 锁针

锁针主要在起针时使用，在镂空花样的后退针里也会使用。

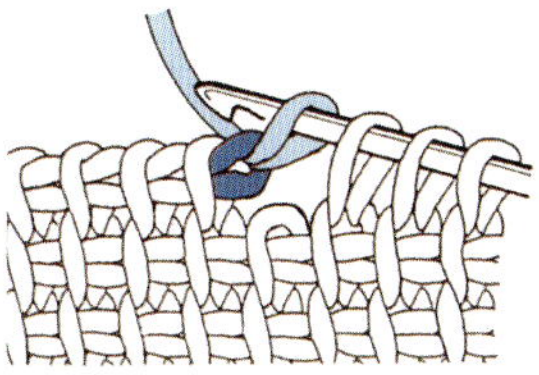

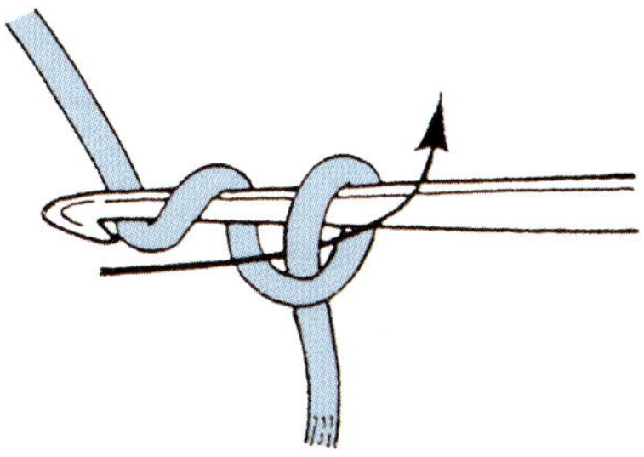

①从绕在针上的线圈引出线，拉紧线头。完成最初的针目。

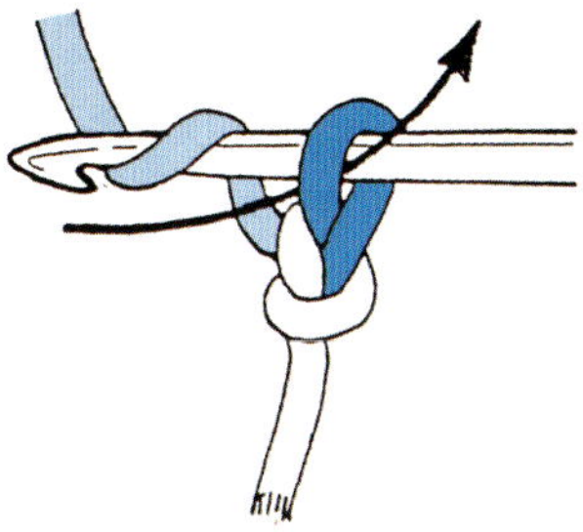

②从针外侧挂线引出。到此完成锁针1针。

③重复挂线引出，继续编织。

2 | 下针

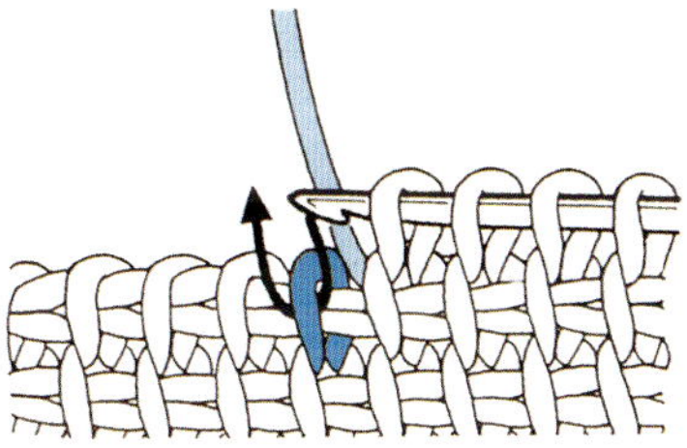

①如箭头所示将针插入上一行的竖针。

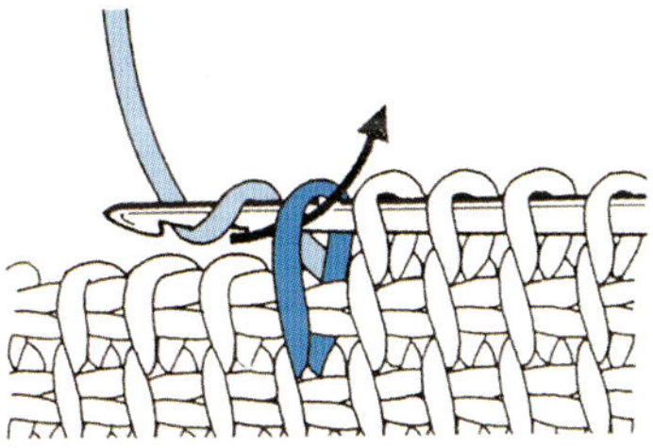

②从外侧将线挂在针上引出。

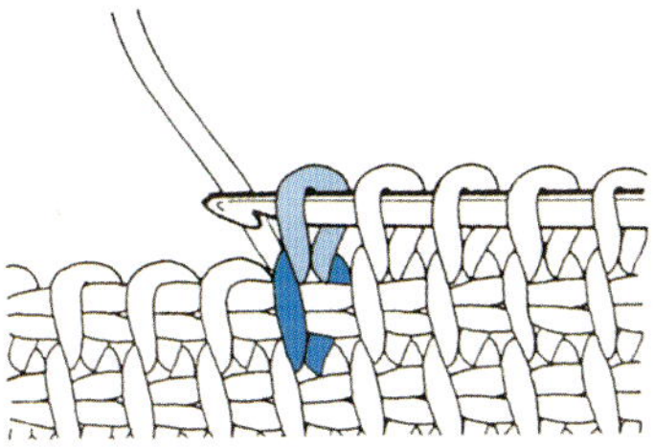

③完成下针编织。

3 ～ 退针

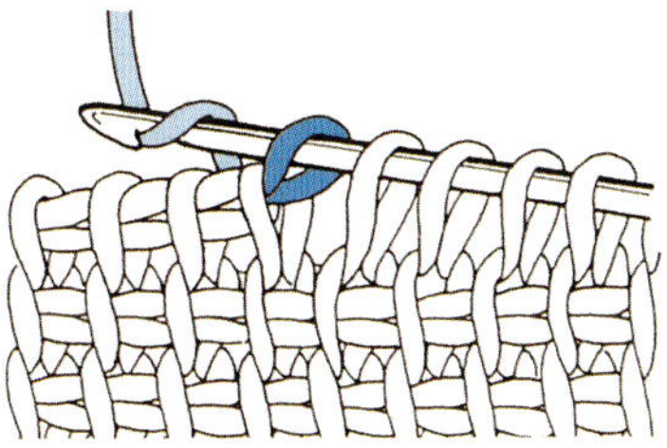

①从外侧将线挂在针上。

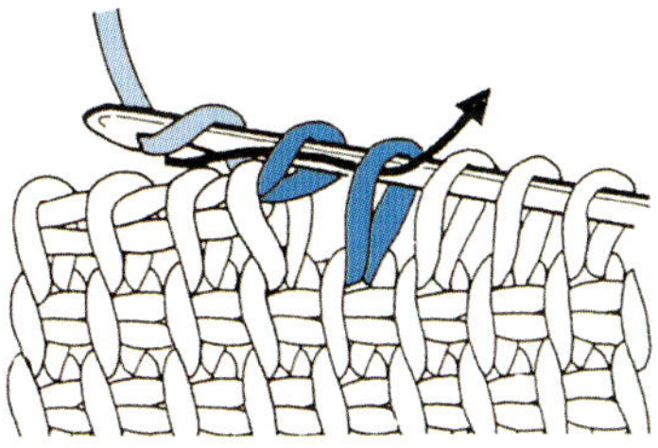

②将针上的2个线圈一起引拔编织。

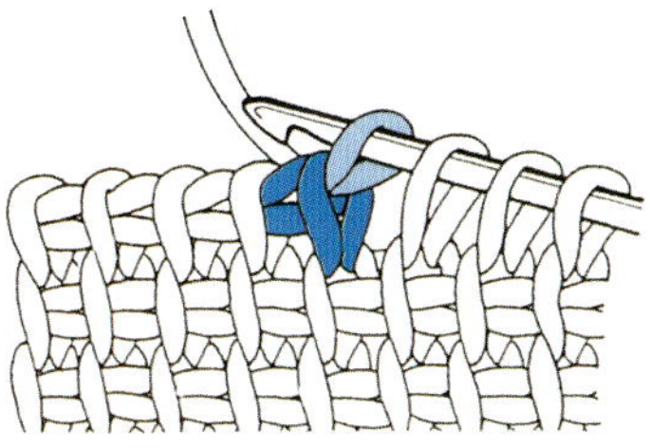

③完成退针编织。

4 - 上针

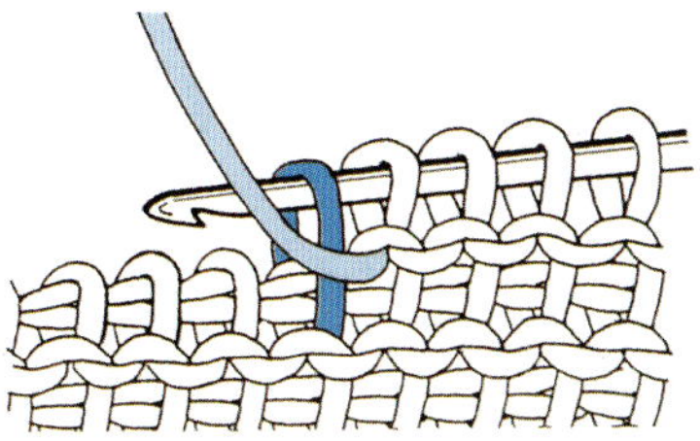

①将线放在内侧，从外侧将针插入上一行的竖针。

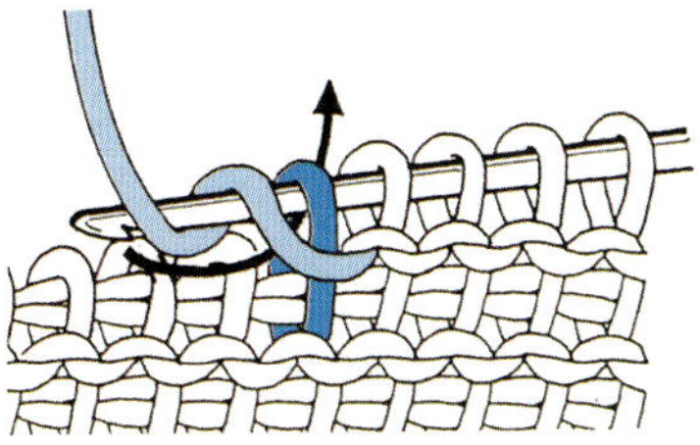

②从内侧将线挂在针上，如箭头所示向外侧引出。

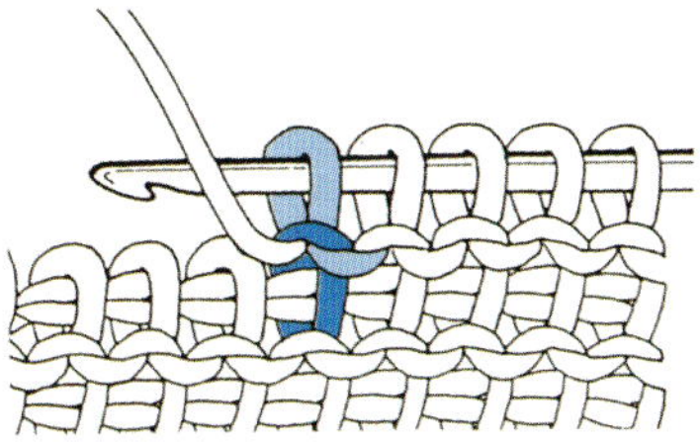

③完成上针编织。上针编织时容易出错。请记住正确的挂线方法、出针的方法。

5 平针

※ 上针平针

从织片的外侧、上一行的退针的下面和竖针的中间插入针编织上针。

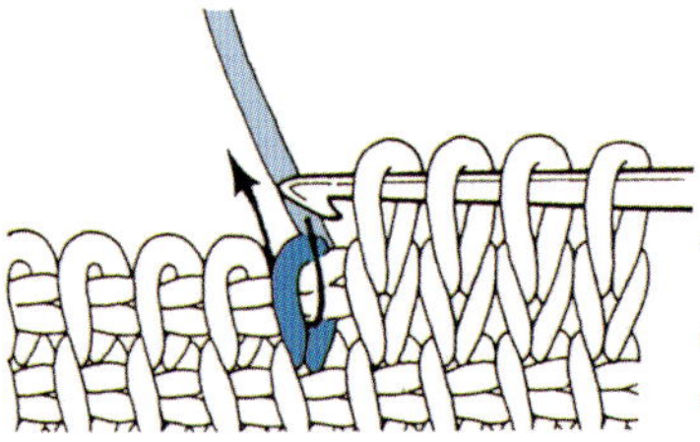
①从上一行的退针的下面、竖针的中间插入针。

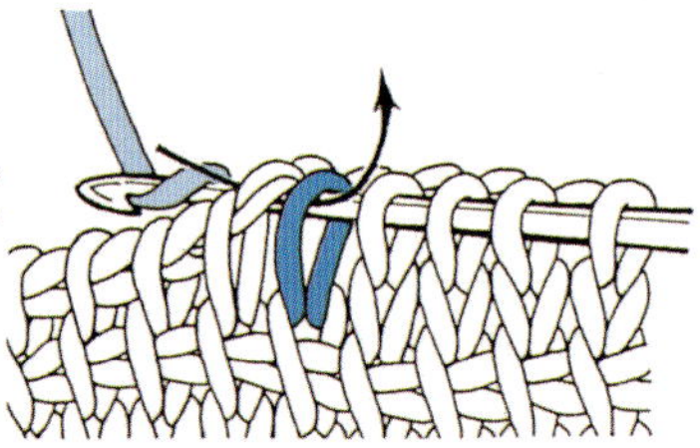
②挂上线如箭头所示引出。

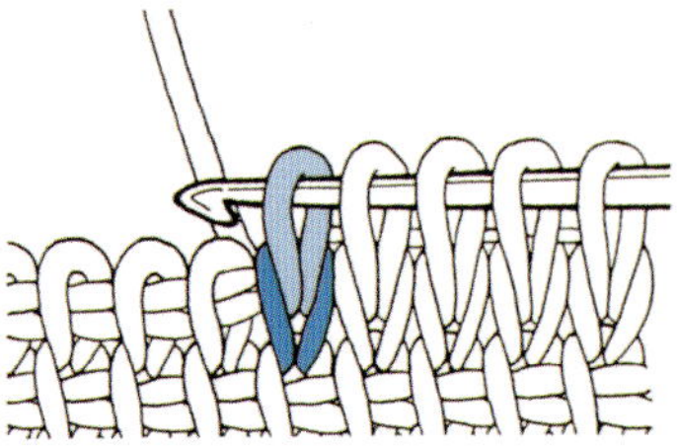
③完成平针编织。

6 ○ 挂针

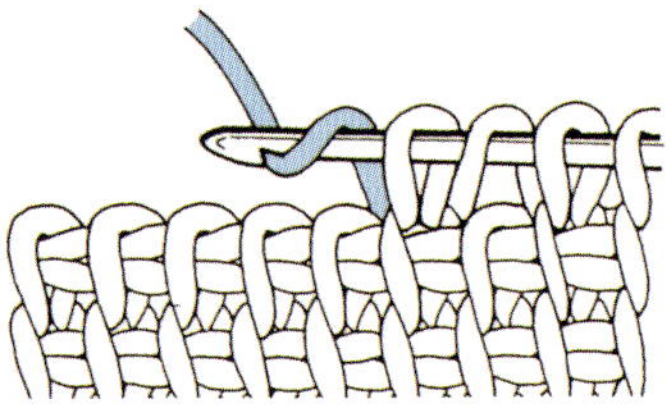
①在符号的位置从外侧将线挂在针上。

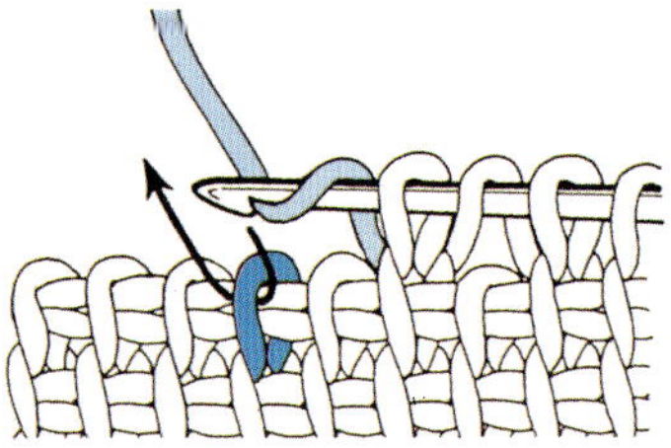
②跳过上一行的1针，编织下1针。

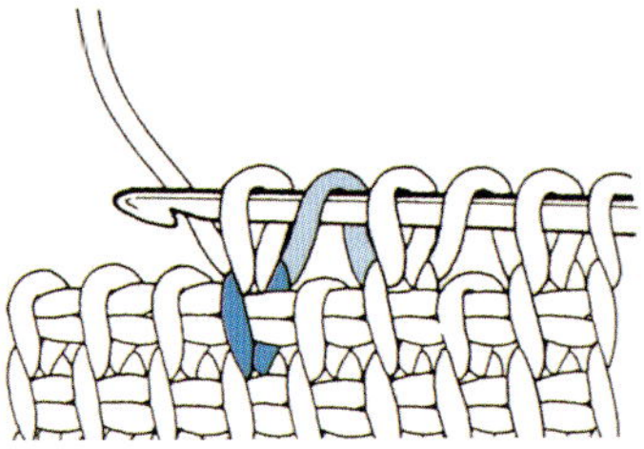
③完成挂针编织。

7 ⊙ 内侧挂针

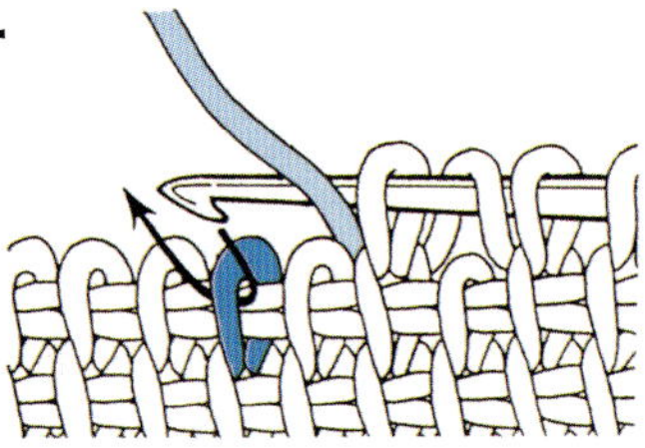
①在符号的位置从内侧将线挂在针上。

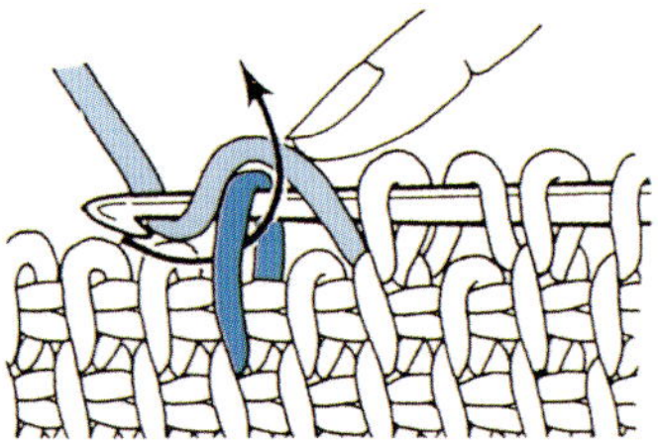
②不要让挂上的线滑落，用手指按住，跳过上一行的1针，编织下1针。

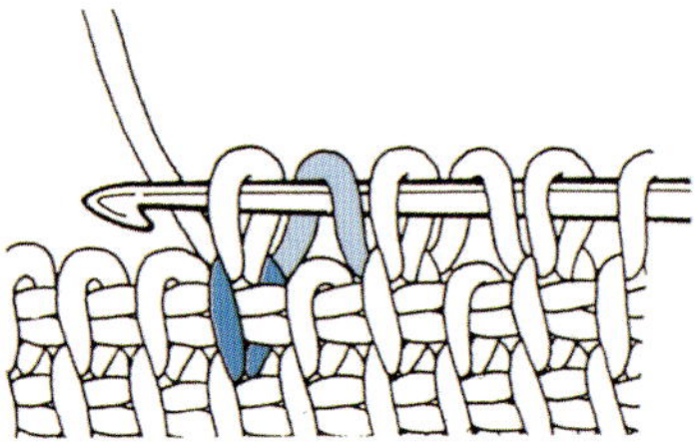
③完成内侧挂针编织。

8 扭针

※ 上针扭针

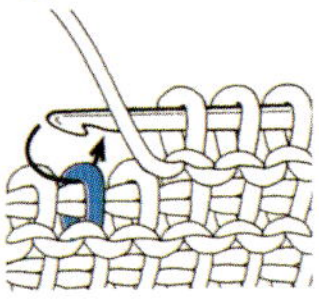
从左侧将针插入上一行的竖针编织上针。

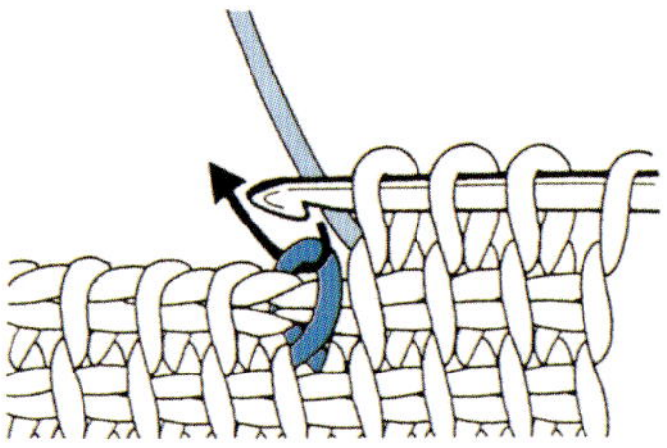
①从左侧将针插入上一行的竖针。

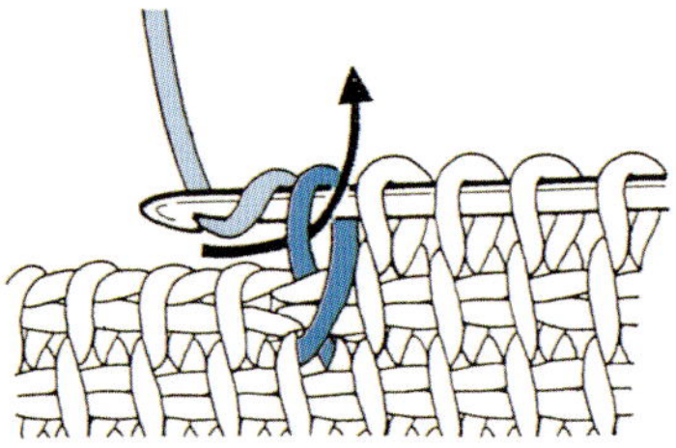
②将线挂在针上引出。

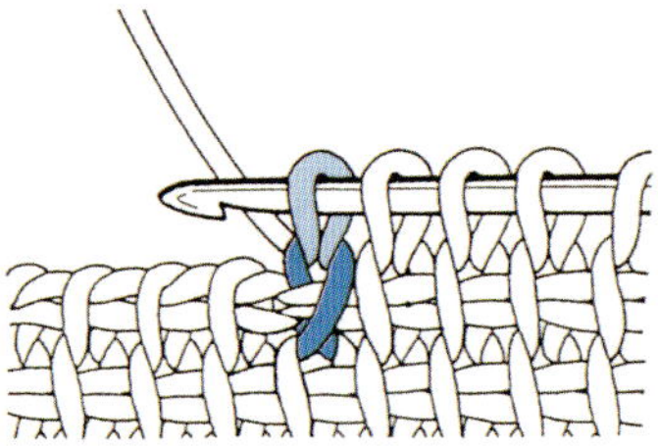
③完成扭针编织。

编织上针时经常发生的错误

上针编织时容易出错。此处介绍经常发生的2种错误。

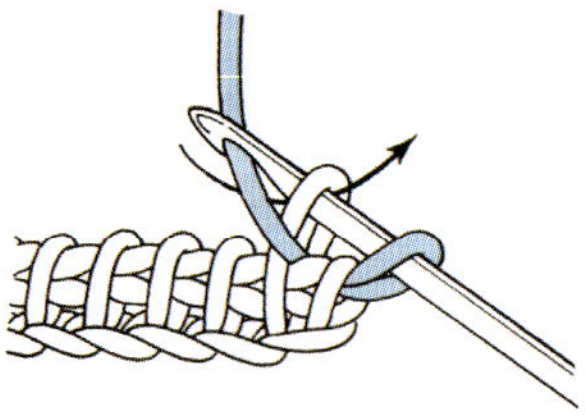
①只是将线由针内侧下方向外侧挑一下就直接挂在针上引拔的情形。

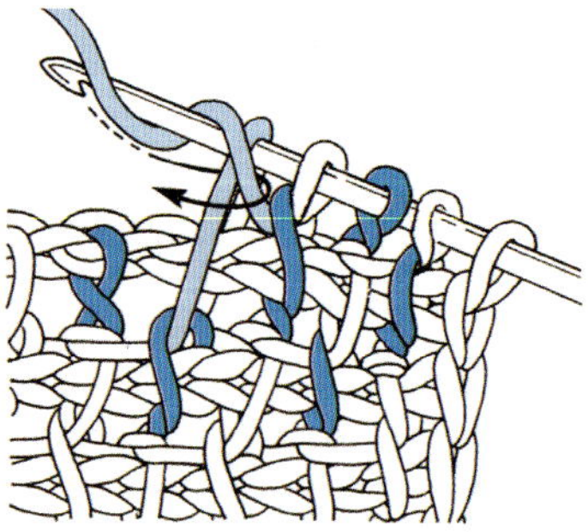
②挂线的方法正确，但是在引拔钩针时，没有向外侧引拔而是引拔到了内侧，以致针目的根部扭转。

9 † 长针

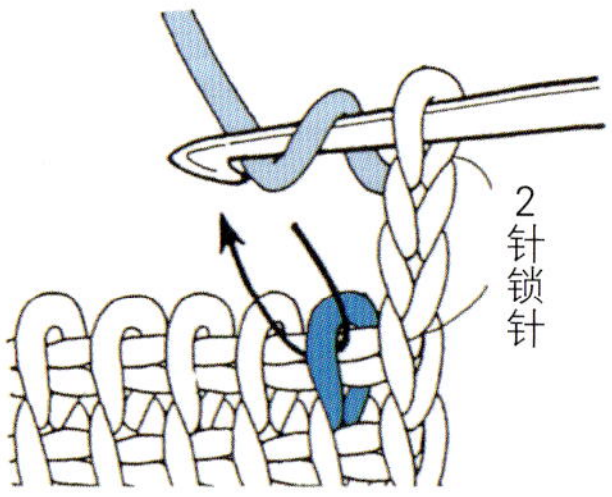

①将线挂在针上，挑起上一行的竖针挂线引出。

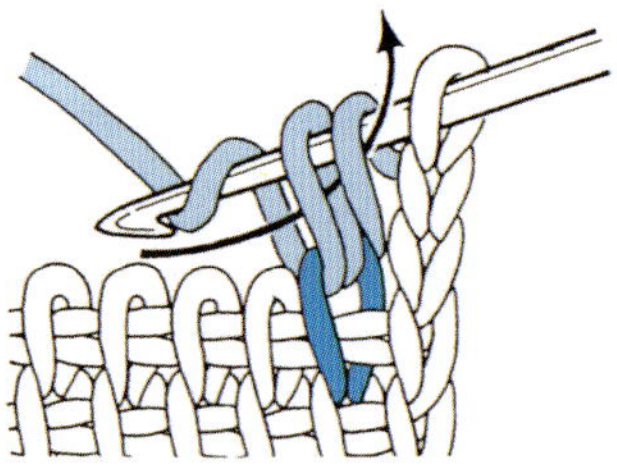
②针上再挂线，将针上的2个线圈一起引拔编织。

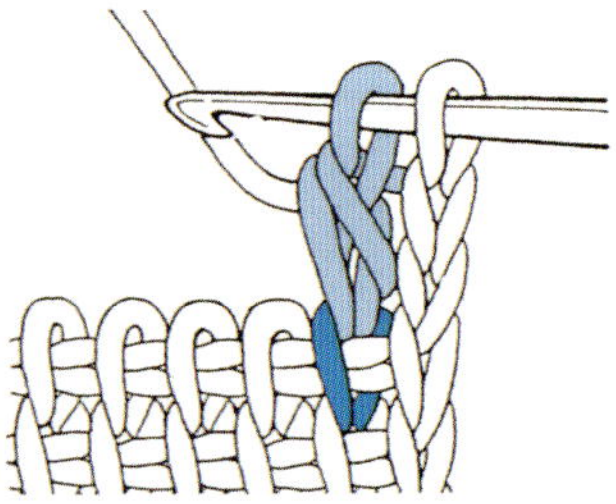
③完成长针编织。

10 3针长针的枣形针

※ 2针长针的枣形针

编出针目数量为2针。

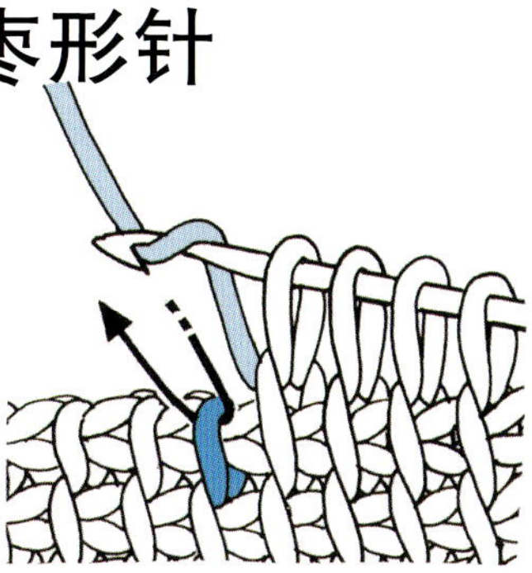

①将线挂在针上，挑起上一行的竖针挂线引出。

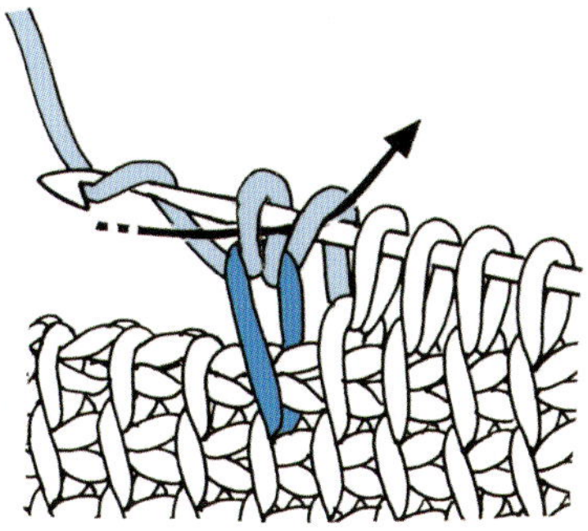

②针上再挂线，将针上的2个线圈一起引拔编织。

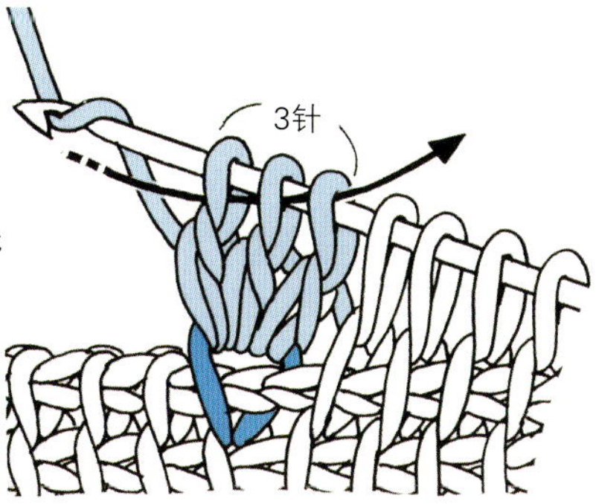

③重复①、②2次，再一次将线挂在针上一起引拔编织。

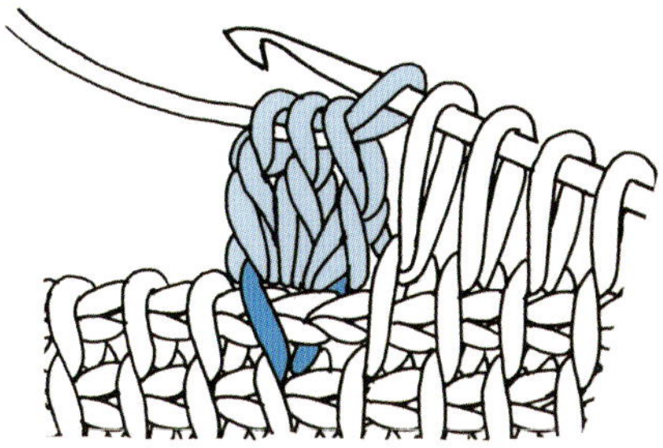

④完成3针长针的枣形针。

11 3针中长针的枣形针

※ 2针中长针的枣形针

编出针目数量为2针。

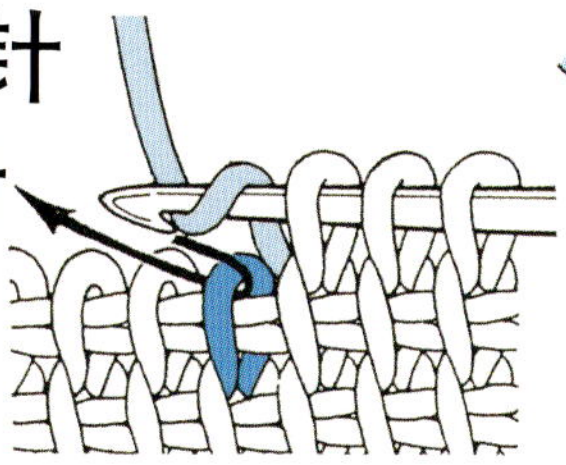

①将线挂在针上，将针插入上一行的竖针引出线。

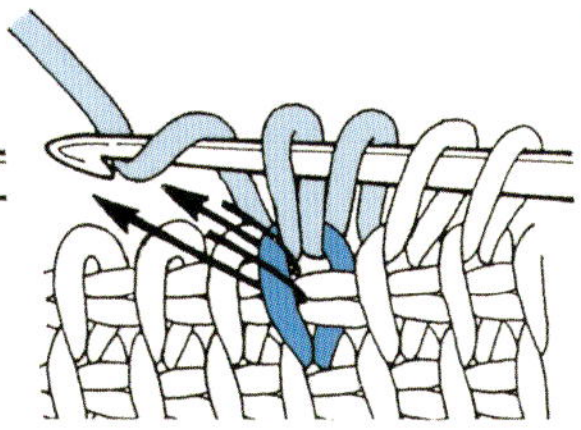

②针上再挂线，从上一行相同针目挂线引出。

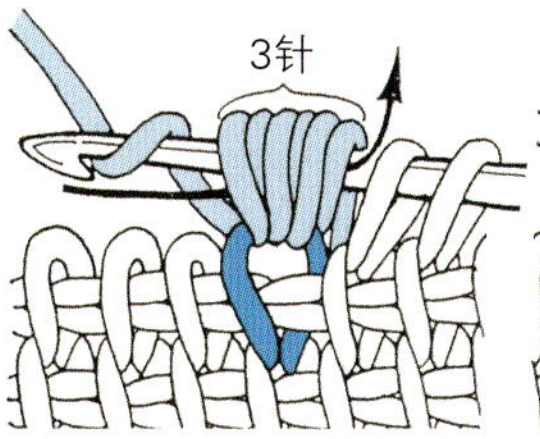

③重复3次，再一次将线挂在针上一起引拔编织。

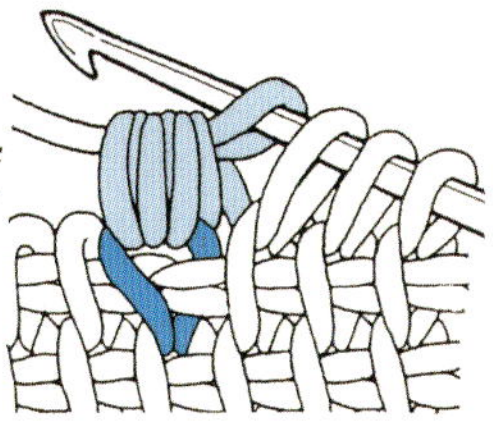

④完成3针中长针的枣形针。

12 V 滑针

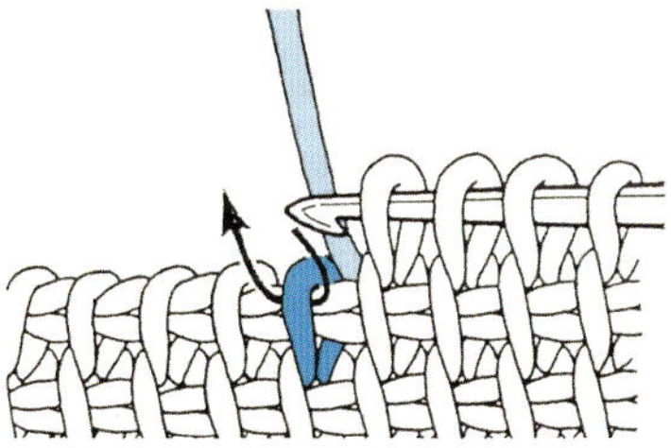

①将线放在针的外侧，上一行的竖针不编织直接移到针上。

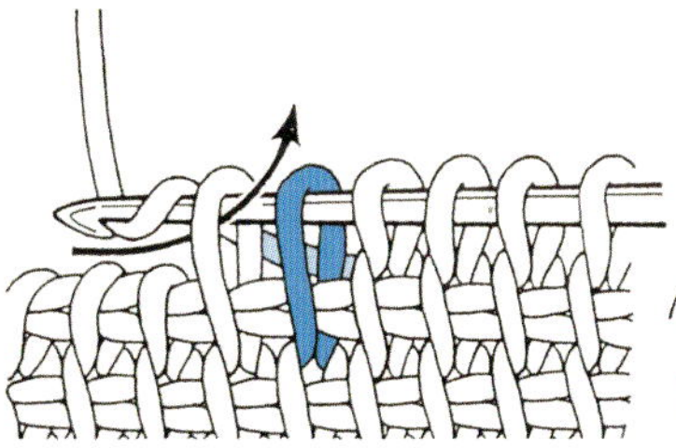

②下1针正常编织。

③此时渡线位于反面。完成滑针编织。

13 交叉针

※ 长针交叉针

针的插入方法要领相同，编织长针。

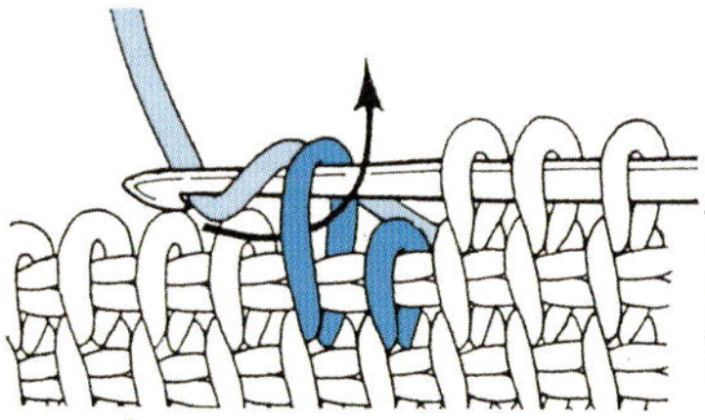

①跳过上一行的1针，将针插入竖针编织下针。

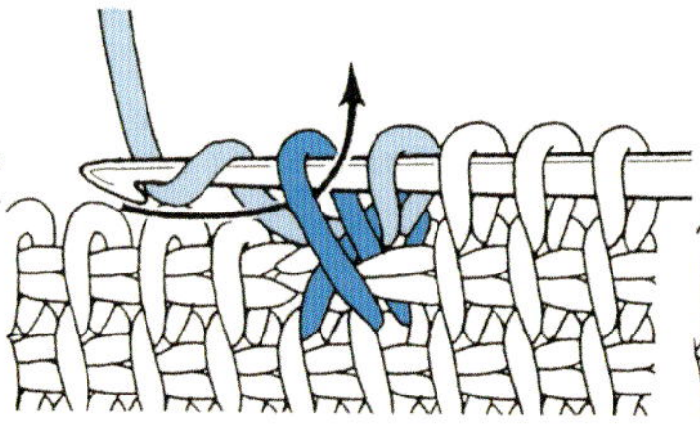

②返回到跳过的针目编织下针。

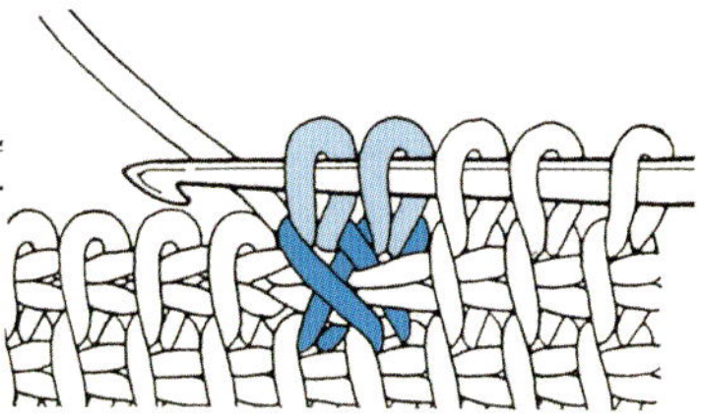

③完成交叉针编织。

14 穿针交叉

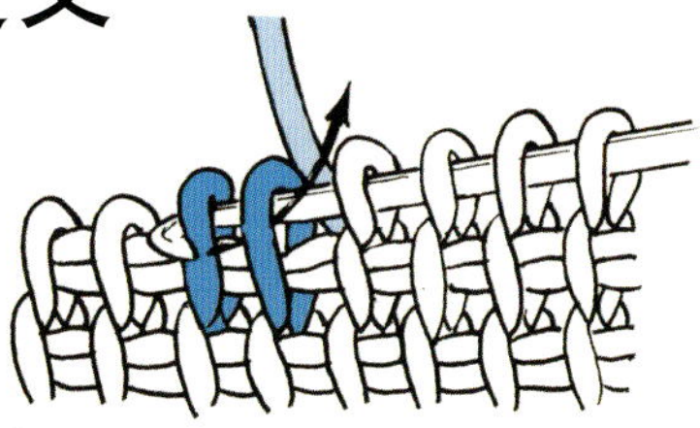

①将针插入右侧的竖针，引出下1针竖针。

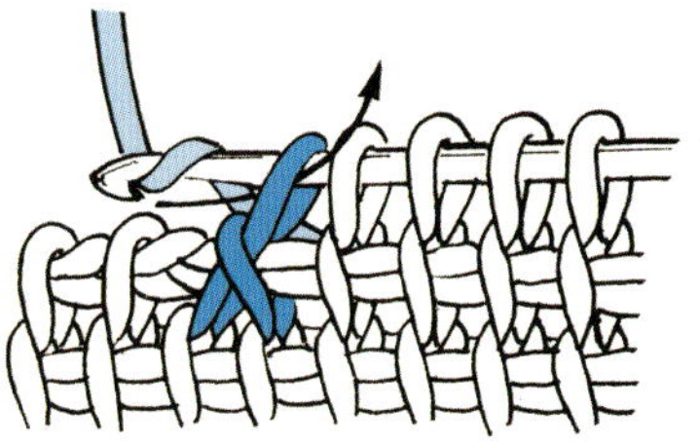

②编织引出的针目。

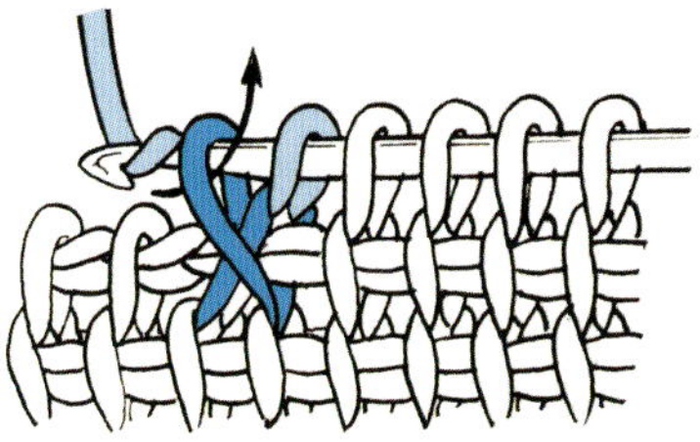

③编织第1针（在①穿过的针目）。

15 锁针花

◎注意相似的符号

编织下针1针、锁针1针。
在之后的编织中锁针不延长。

编织下针1针、锁针2针。
与锁针花的高度相同。

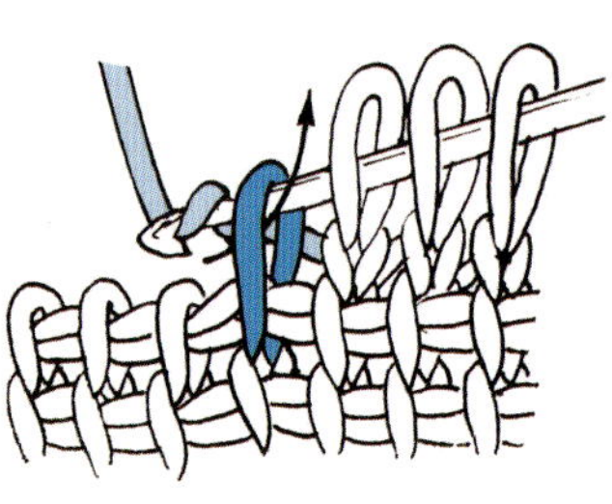

①如箭头所示引出线。

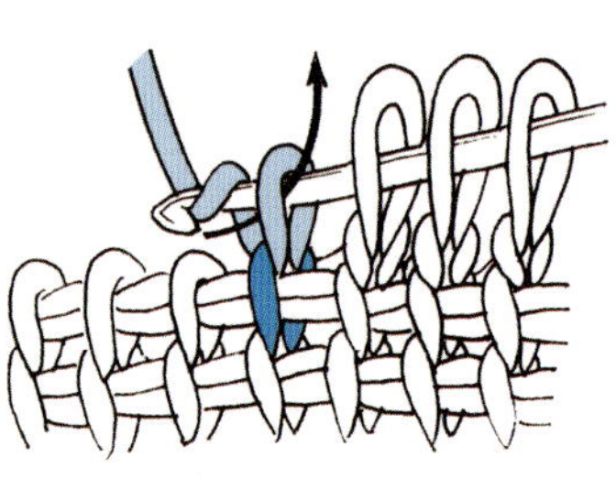

②编织1针下针。再次引出线。

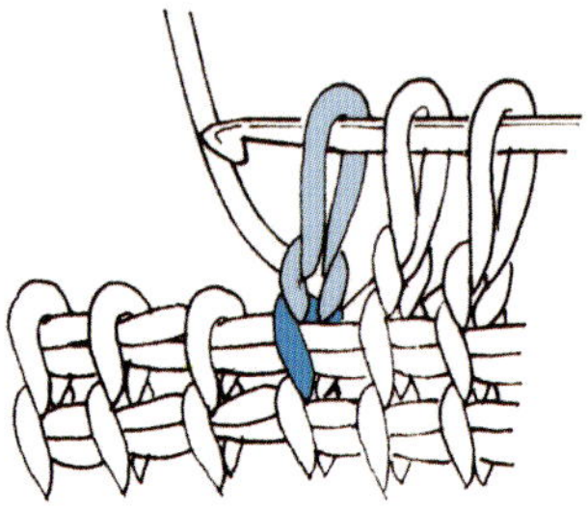

③将编织的针目拉伸至大约下针的2倍长。

16 长针的正拉针

※长长针的正拉针

针的插入方法要领相同，编织长长针。

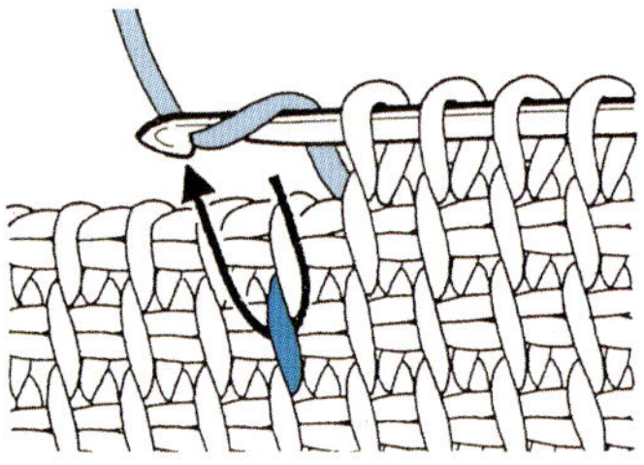

①针上挂线，将针插入符号图下方的竖针。（这种情形是下方2行）

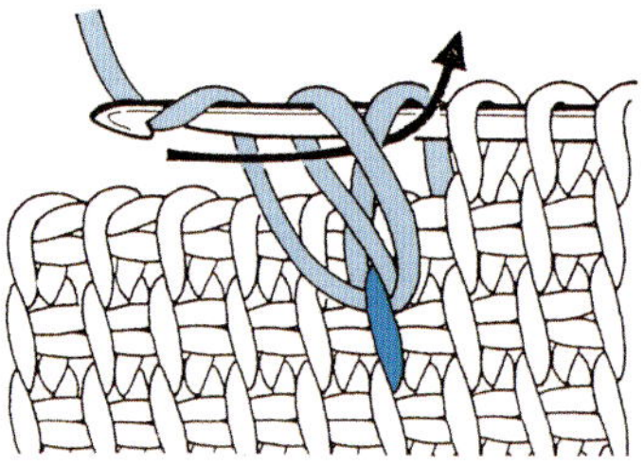

②挂上线引出稍长，再次挂线一起引出针上的2个线圈。

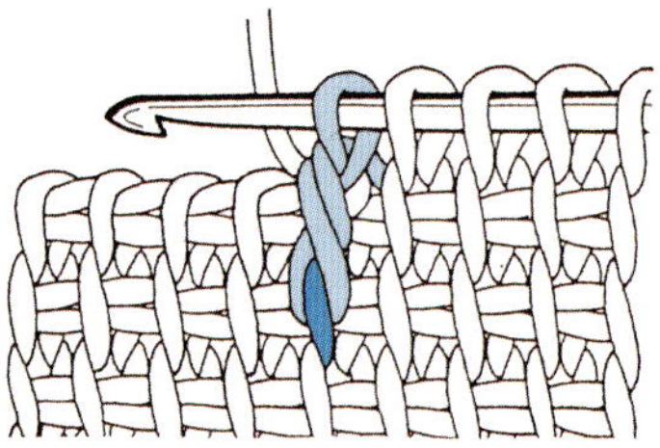

③完成长针的正拉针编织。

17 1针放3针的加针

※1针放4针的加针

从上一行的1针编出4针。重复编织2次下针1针、挂针1针。

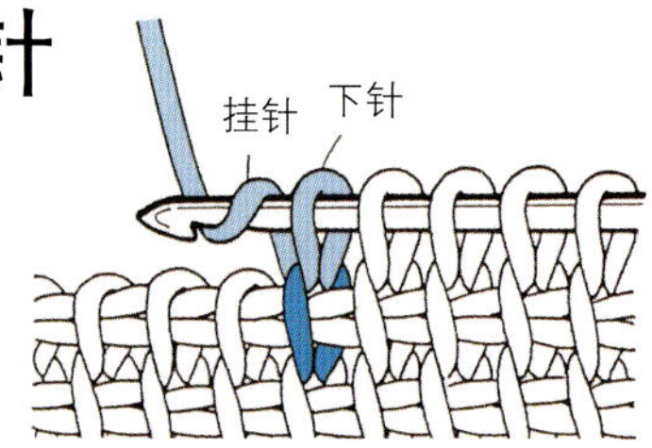

①从上一行的1针中只编织数字显示的针数。（这种情形是3针）首先编织1针下针，从针外侧将线挂在针上编织挂针。

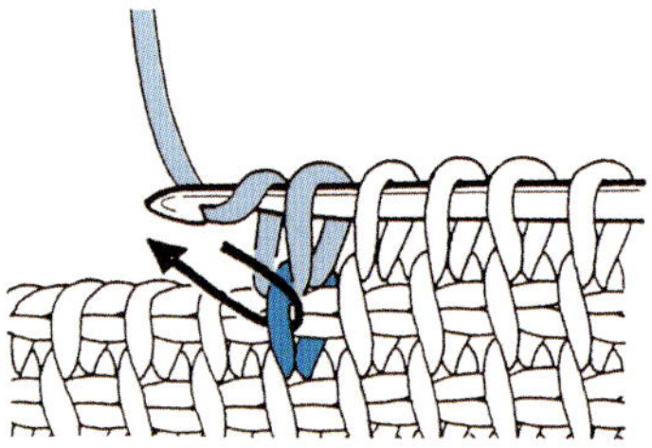

②从相同针目再次编出1针下针。

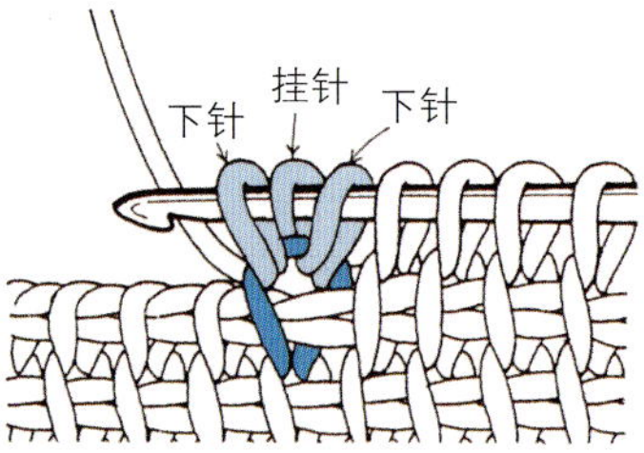

③完成1针放3针的加针。

18 2针并1针

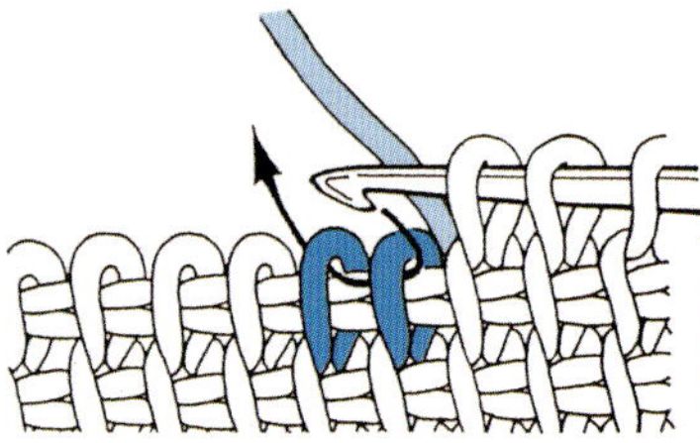

①将针插入上一行的2针竖针。

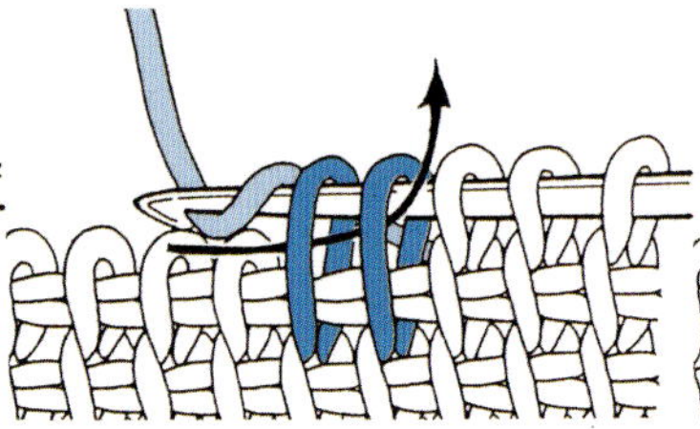

②挂上线从2针一起引出线。

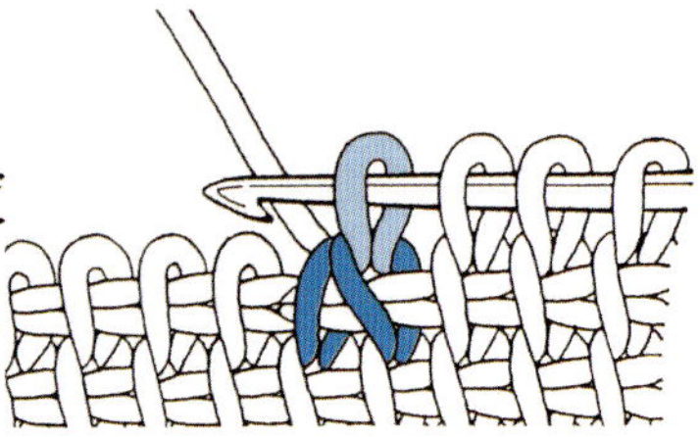

③完成2针并1针。（符号有2种，但是操作方法相同）

19 退针2针并1针

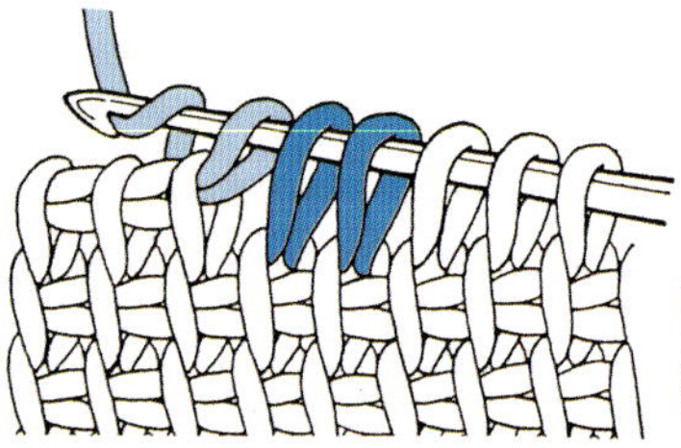

①退针编织至符号的位置，把线挂在针上。

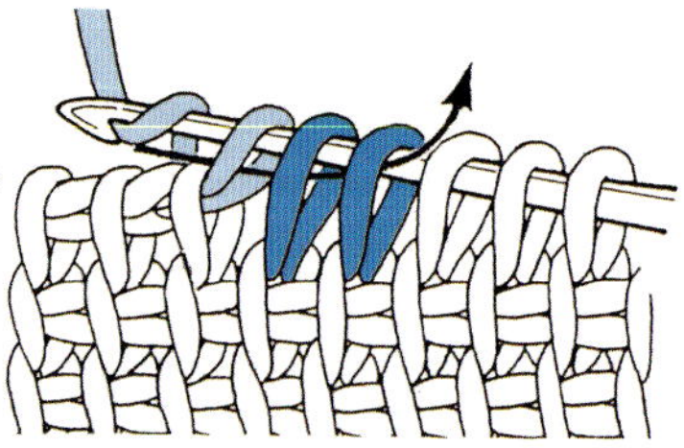

②将退针和前进的2针竖针共3针一起引拔编织。

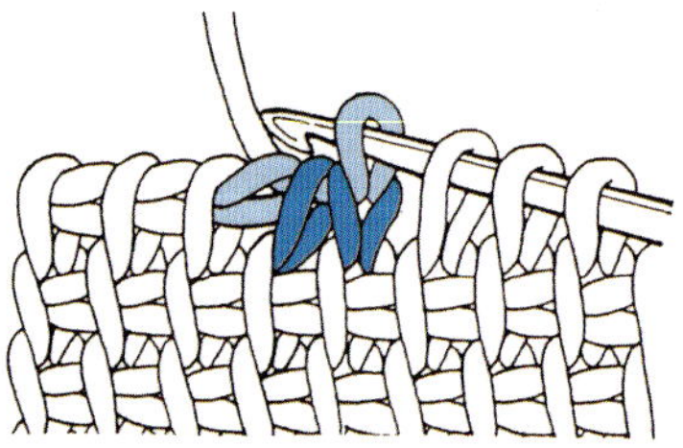

③完成退针2针并1针。（符号有2种，但是操作方法相同）

20 3针并1针

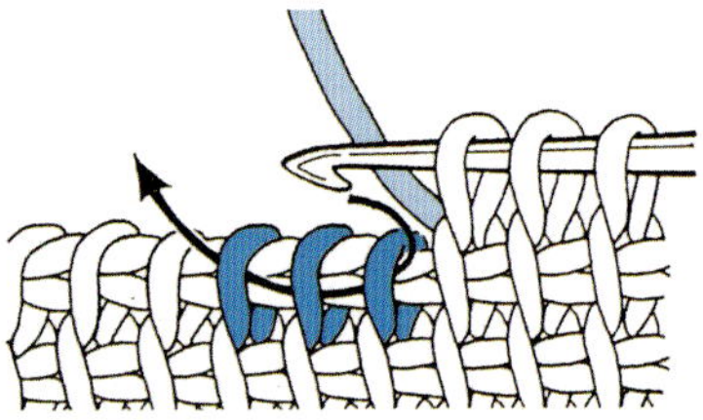

①从右侧将针插入上一行的竖针。

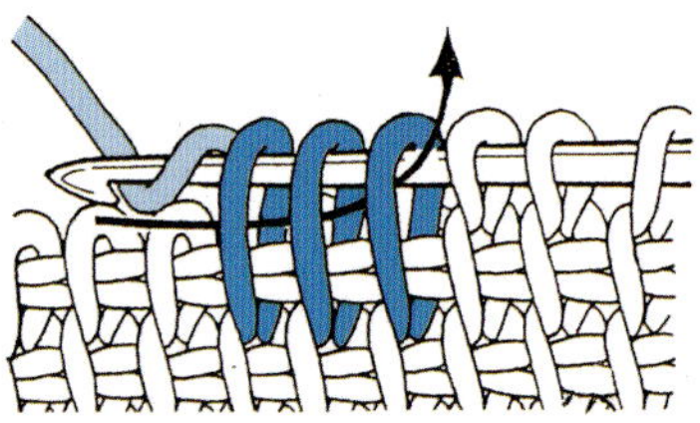

②把线挂在针上，将3针一起引拔编织。

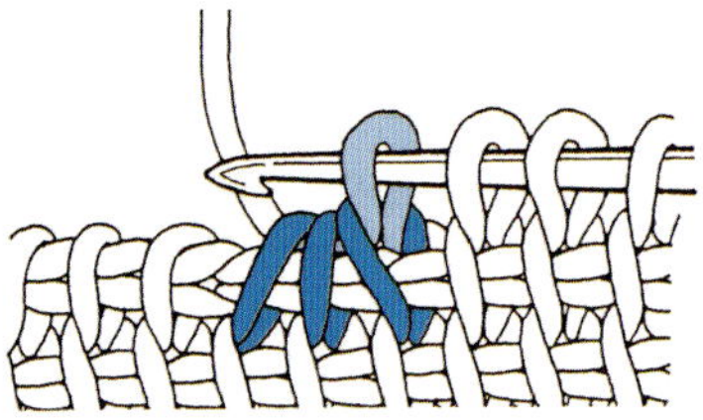

③完成3针并1针。

21 退针3针并1针

※ 退针4针并1针

※ 退针5针并1针

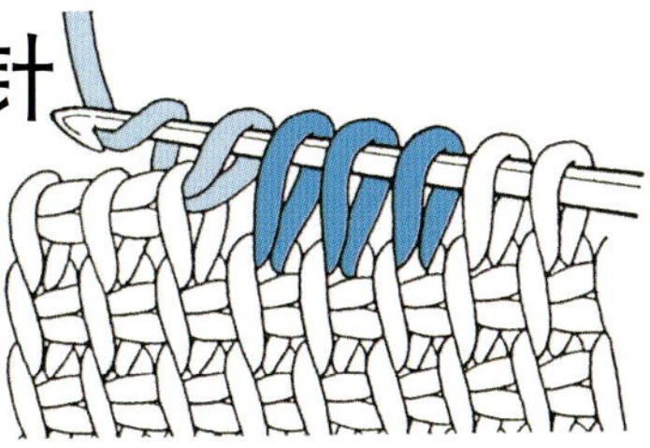

①退针编织至符号的位置，把线挂在针上。

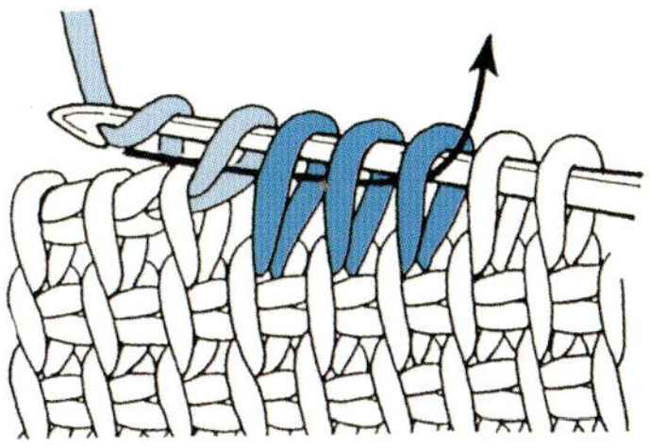

②将退针和前进的3针竖针一起引拔编织。

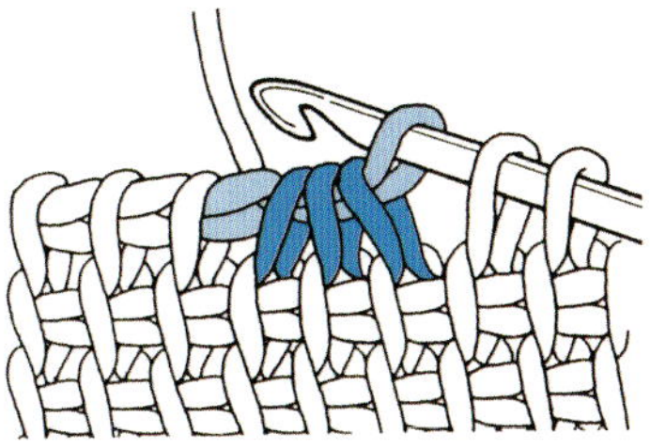

③完成退针3针并1针。

22 ● 引拔针

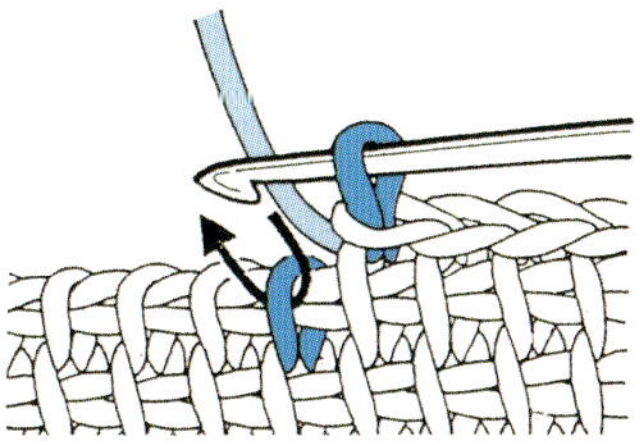

①将针插入上一行的竖针。

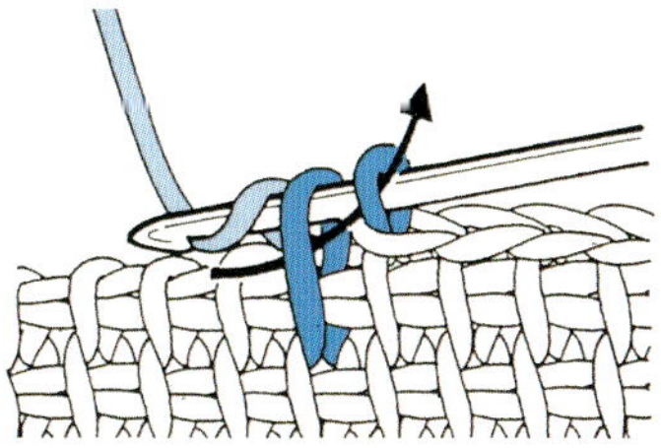

②挂上线，将针上的2针一起引拔编织。

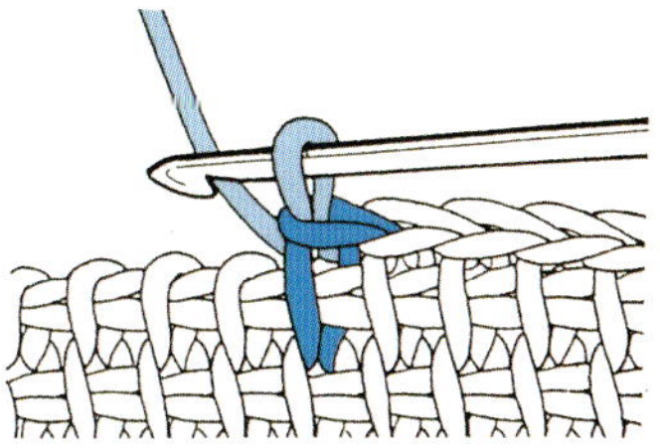

③完成引拔针编织。

23 从退针挑针

3种都是前进针。

a.

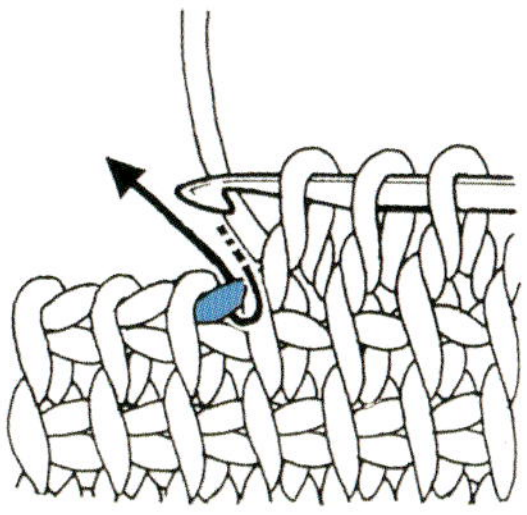

分开退针的锁针，挑起退针的锁针的半针。

b.

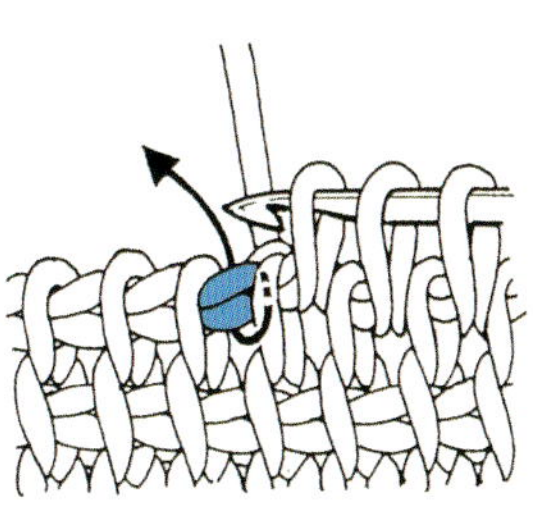

挑起退针的锁针。

c.

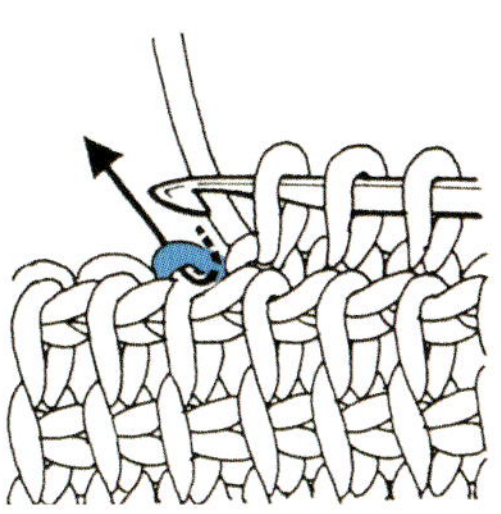

挑起退针的锁针的里山。

24 回针

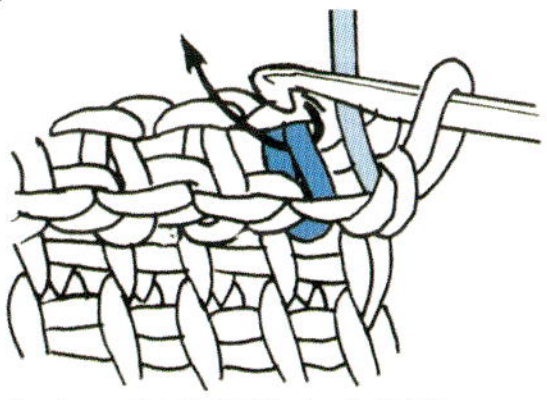

①将上一行的退针向内侧放倒，将针插入外侧的竖针。

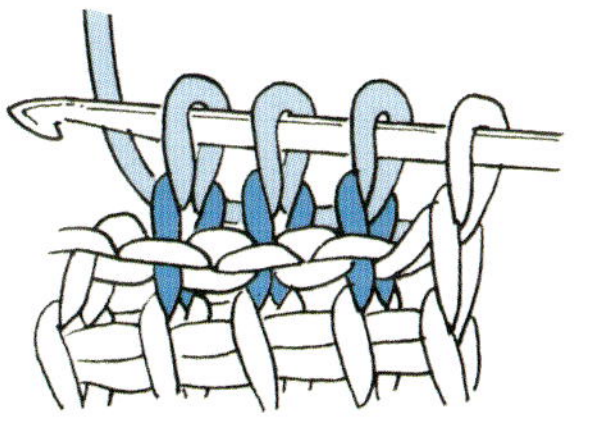

②上一行针目的里山到了内侧。

25 织入花样

横向渡线织入

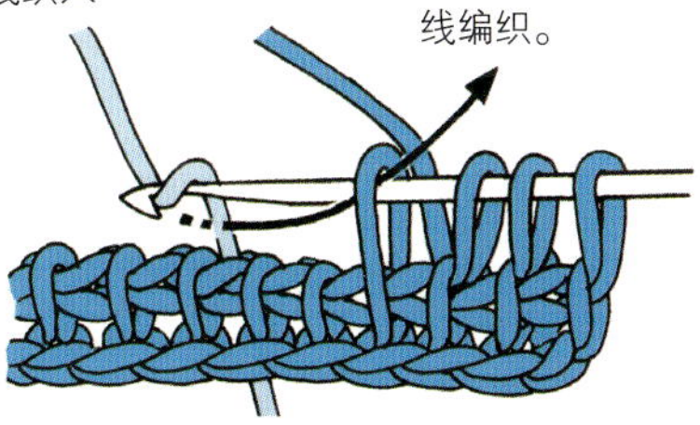

①在换配色线的位置换线编织。

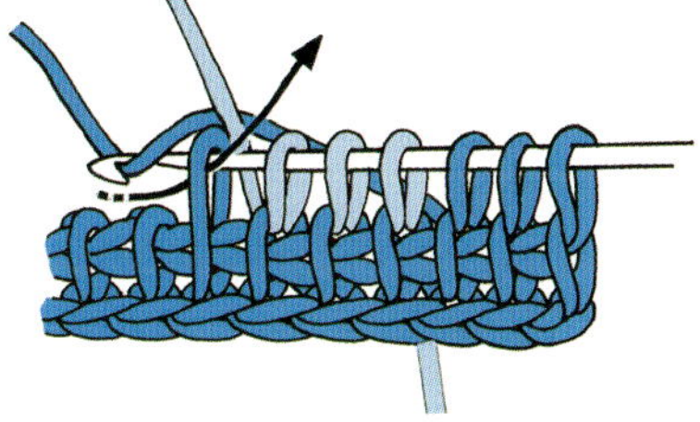

②按照编织图换编织线。编织线拉到配色线的下面。

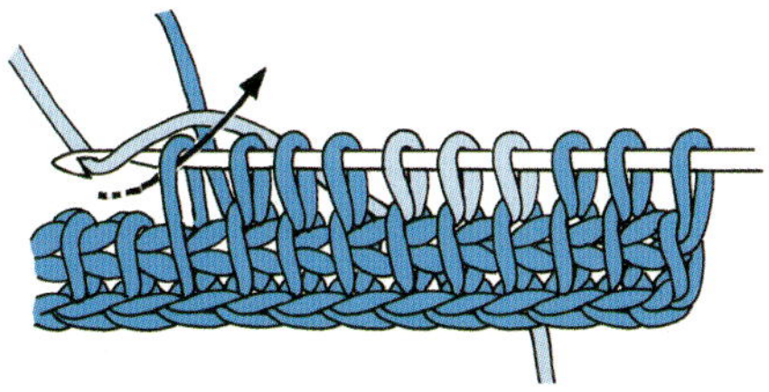

③换配色线时，在编织线的上面渡线。

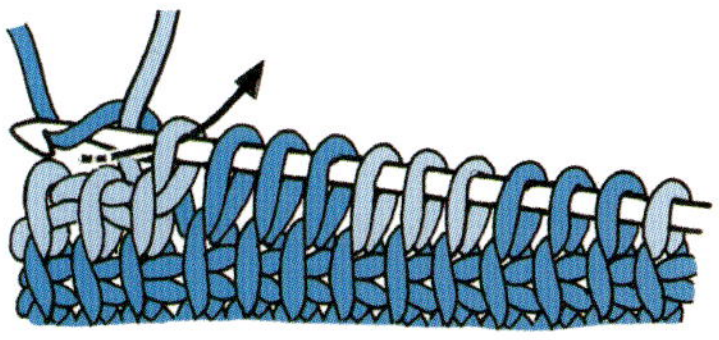

④退针编织时，前进针是用编织线编织的仍用编织线、用配色线编织的仍换配色线。在换配色线时，使编织线与配色线交叉，不要露孔洞。

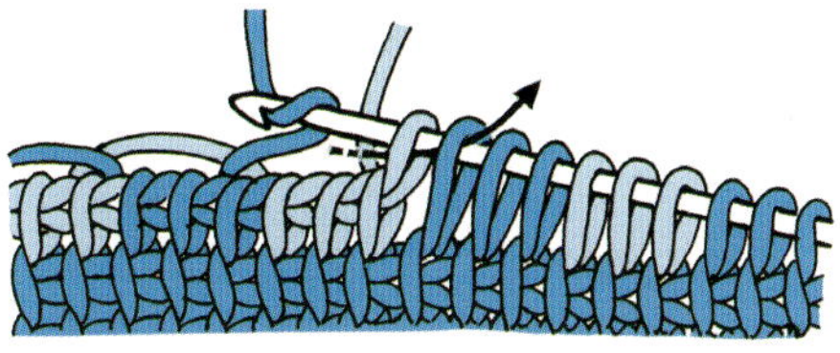

⑤和前进针相同，编织线放在下面、配色线放在上面编织退针。

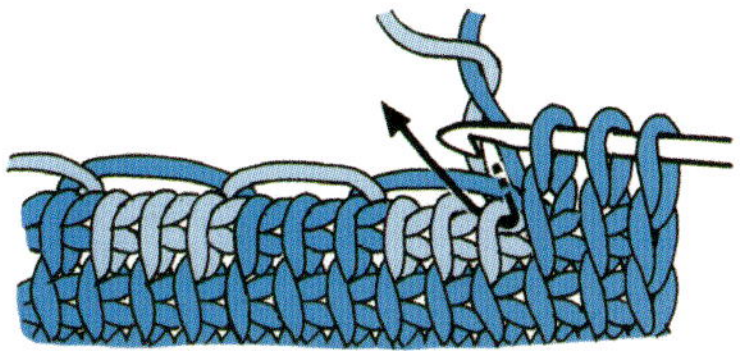

⑥换配色线的右端时，使编织线与配色线交叉，交界处不要露孔洞。

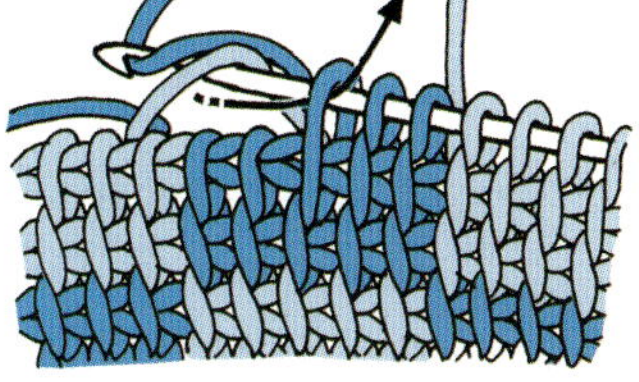

⑦如渡线较长，下一行的前进针编织到上一行的渡线中央时，将竖针和渡线一起挑起编织。一定注意不要将渡线钩到内侧。

三、代表性的花样编织

和棒针编织、钩针编织比较起来，阿富汗编织非常简单朴素，但是能够编织出阿富汗特有的方格、有趣的花样。现在开始编织的花样是从技法上分类选择的9种图谱，它们是花样编织不可或缺的部分。根据阿富汗编织的原理，有前进编织的花样和后退编织的花样两类。不同的风格和性能产生不同特征，随着编织技法的步步深入，学习兴趣也渐为浓厚。

A. 前进编织的镂空花样

阿富汗编织，可以在前进的行编织花样也可以在后退的行编织花样。首先从前进的行编织花样开始学习。虽然是挂针、2针并1针的简单重复的花样编织，但是随着花样的倾斜移动，会表现出清晰线条的图谱。注意前进编织和后退编织时针目的平衡，编织出漂亮的花样。

决定针数的方法　11针的倍数+2针

图谱的起针　（11针×2）+2针=24针

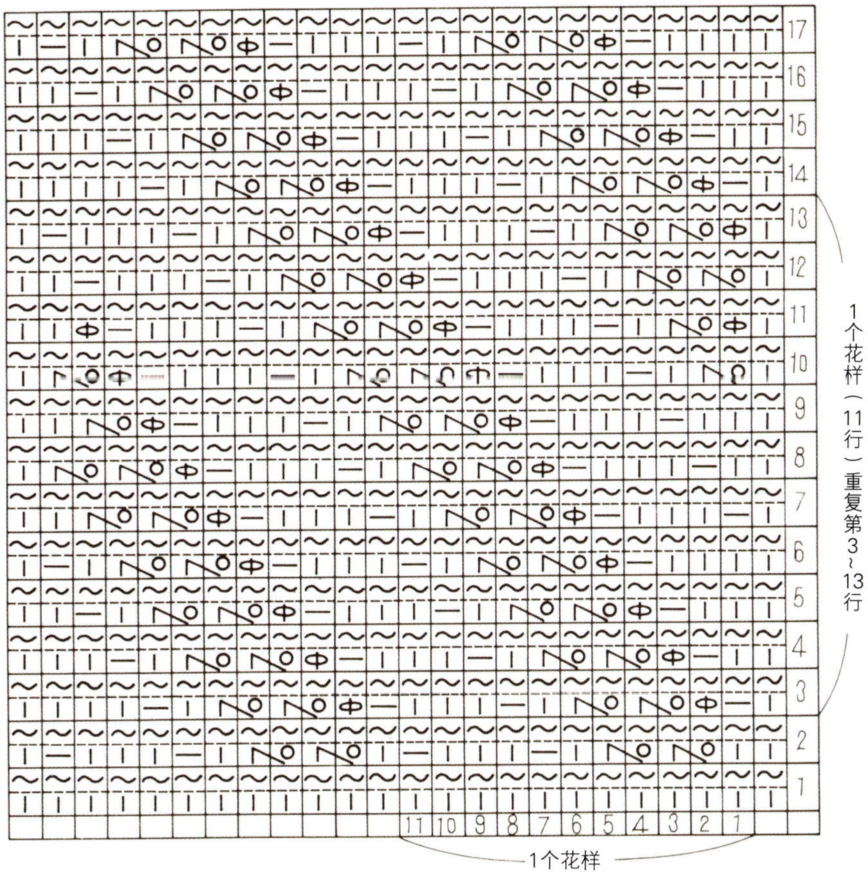

编织方法要点

①第2行前进编织。 表示编织挂针和2针并1针。挂针时从外侧挂线。接着将针插入2针引出线。

② 第3行前进编织。 表示整段挑起上一行的锁针编织下针。

③从第3行开始，花样1针1针地移动，编织方法与第2行相同。

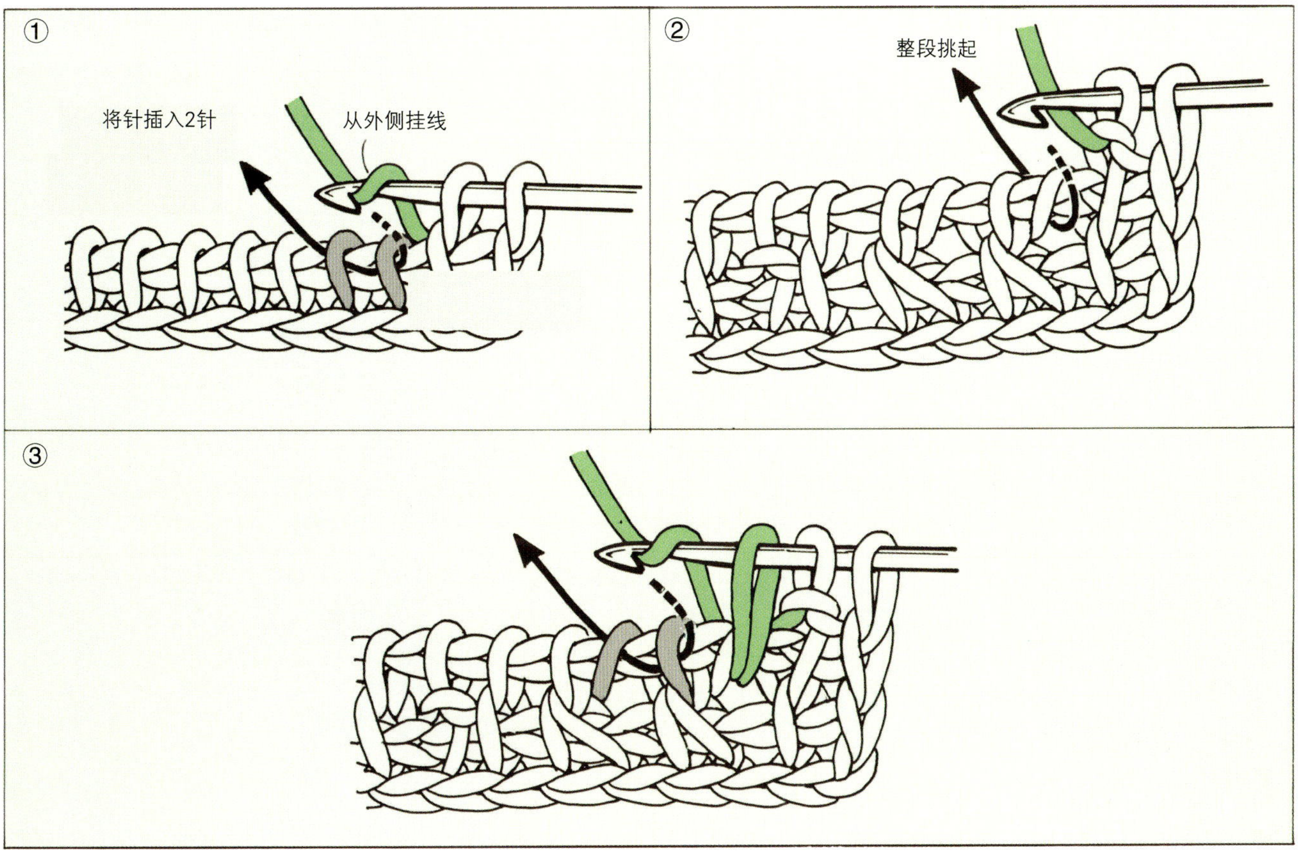

B. 后退编织的镂空花样

在后退的行编织镂空花样，与前面的图谱比起来镂空的孔洞较大，但可以编织外表轮廓分明的镂空花样。在此将镂空的部分竖向配置，试着编织简单的镂空花样。从上一行的退针挑针的方法，使用了2种不同的技巧，请正确理解、正确编织。

决定针数的方法　6针的倍数+3针

图谱的起针　（6针×3）+3针=21针

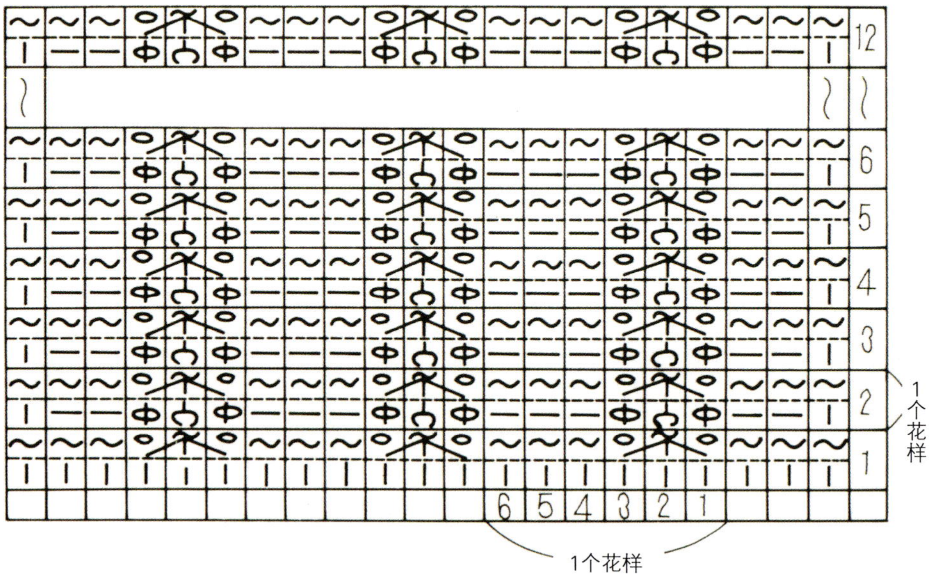

编织方法要点

①第1行后退编织。左端一起引拔2针。（因为第2行以后的左端第2针是上针。）

②花样的部分编织1针锁针。

③接着的3针（加上挂在针上的1针退针共计4针）一起引拔编织。

④再编织1针锁针。

⑤第2行前进编织。 表示整段挑起上一行的锁针编织下针。 表示挑起上一行的锁针的里山编织下针。

⑥第2行后退编织。左端一起引拔2针。花样的编织方法与第1行后退编织相同。

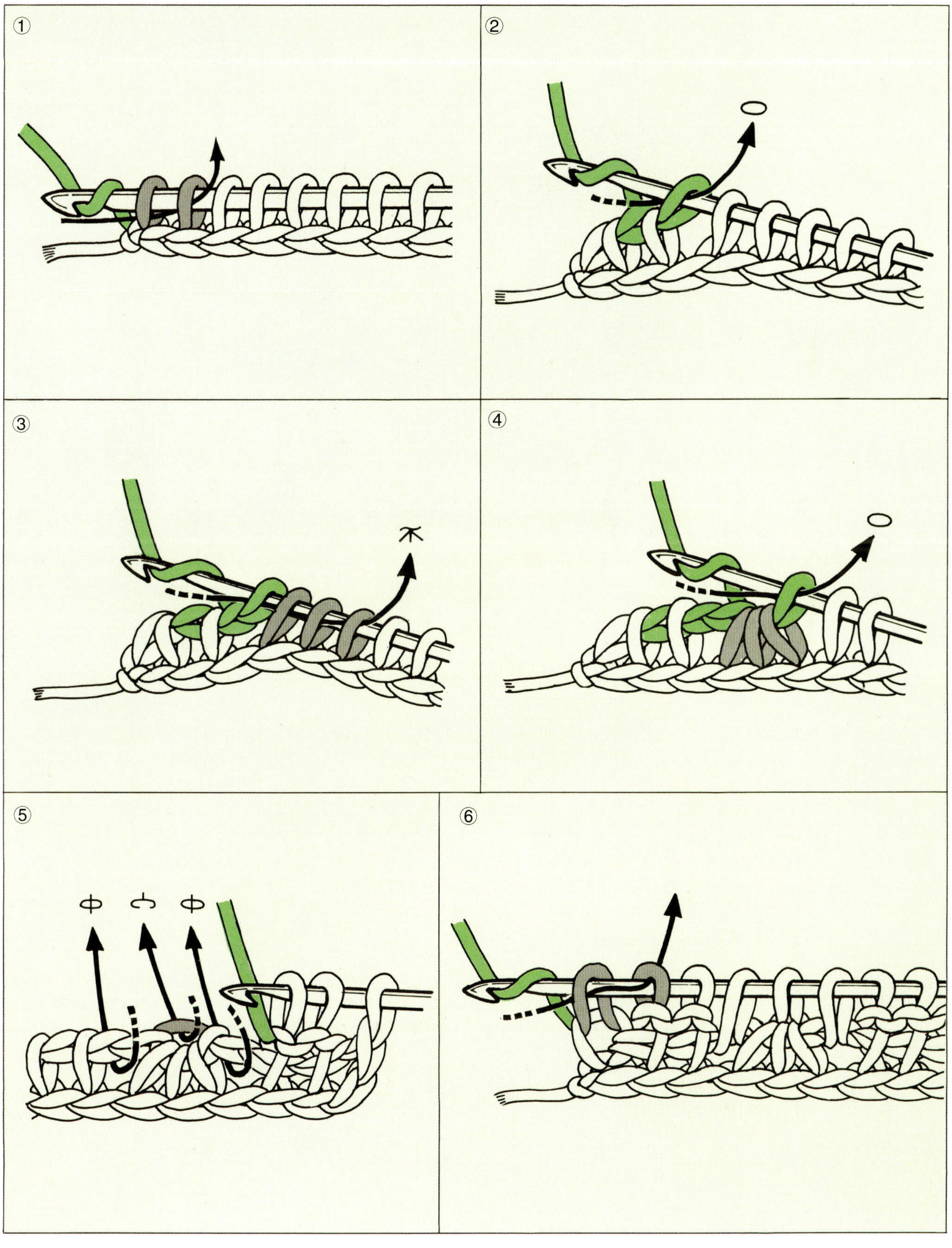

C. 滑针和浮针的花样

阿富汗编织是只看正面编织的，所以对滑针和浮针编织方法的解释没有棒针编织那样复杂。按照针目符号编织花样，在此使用A、B2种颜色编织细腻的花样。由于花样的性质，织片会紧缩变硬，所以请改换稍微粗些的针，好好地搭配编织风格。

决定针数的方法　5针的倍数+4针

图谱的起针　（5针×3）+4针=19针

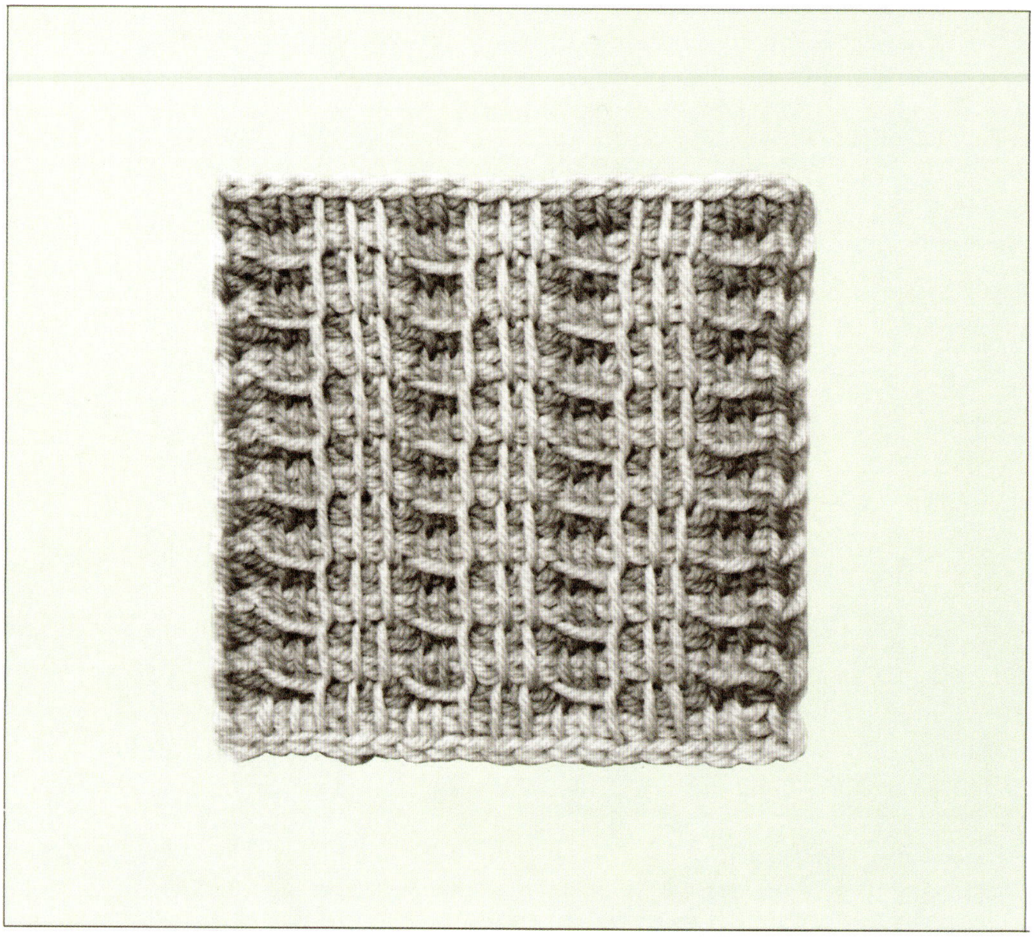

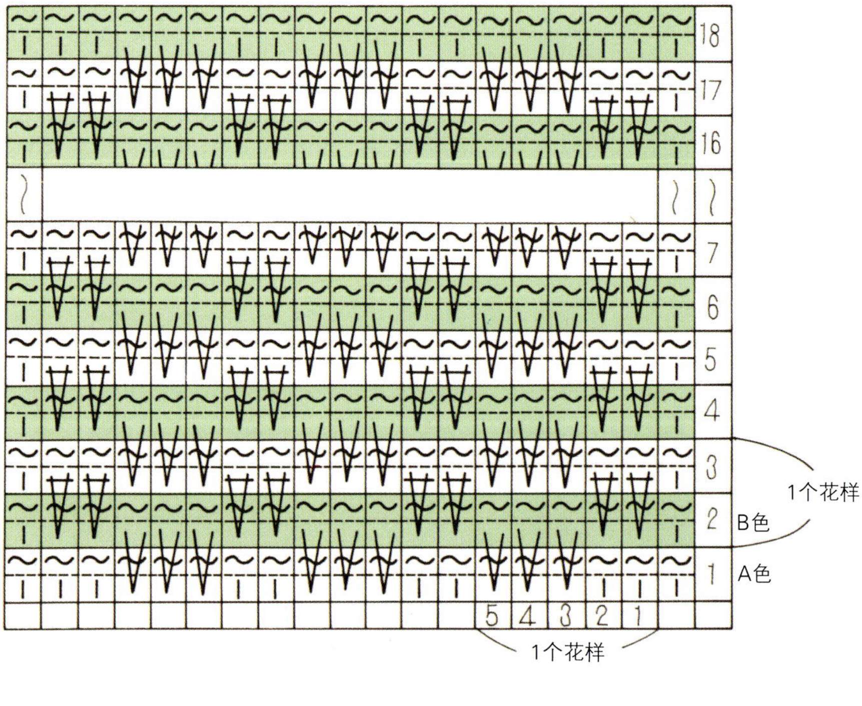

编织方法要点

A色、B色一行一行地交替编织。在织片的右侧编织时改换配色线。

①第1行后退编织。换配色线时，在上一行最后的退针针目改用配色线。

②第2行前进编织。滑针是一边将线拉到外侧一边挑针编织。

③第3行前进编织。浮针是一边将线拉到内侧一边挑针编织。

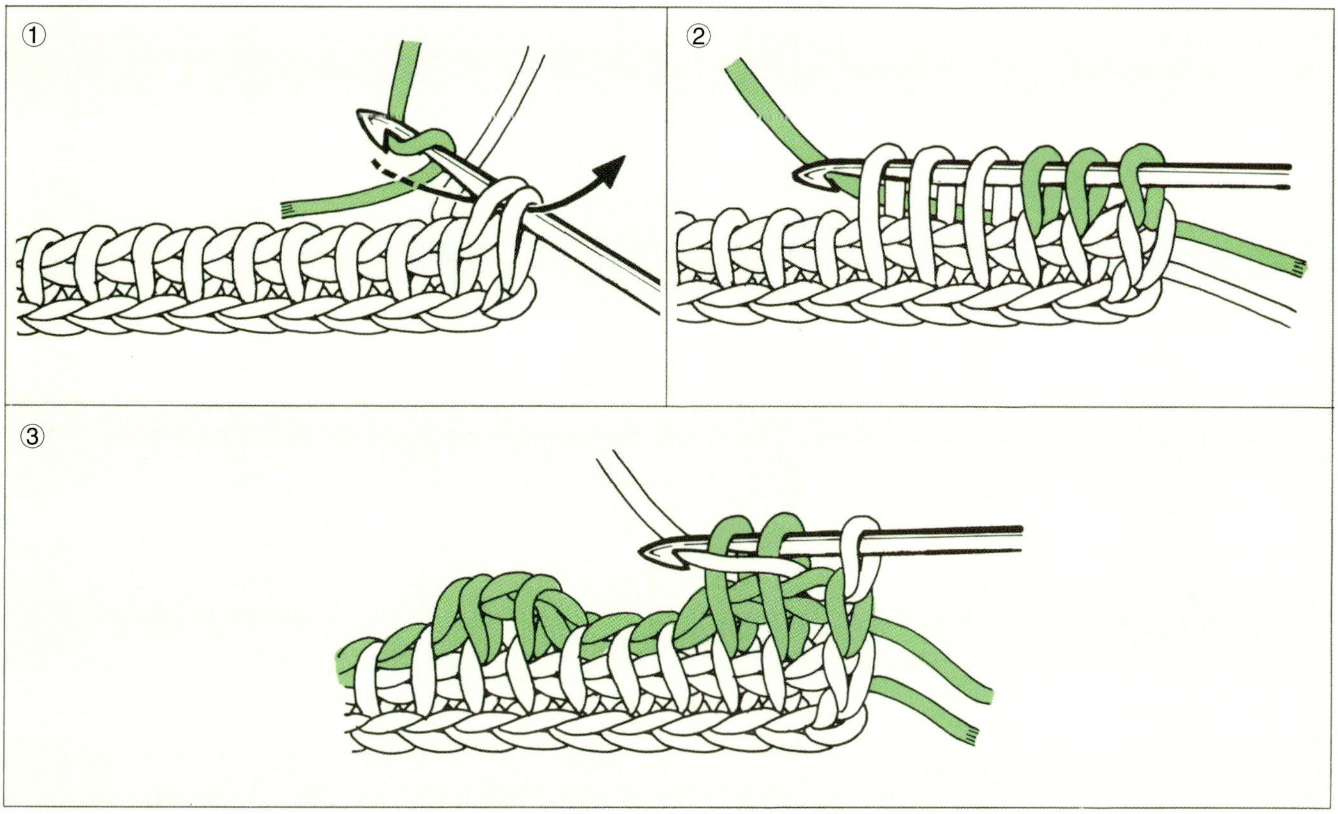

加减针技法　2针以上的加针

这是在阿富汗编织中一次增加2针以上的技法。

左侧

①将另线加在织片的左侧，编织与加针相同针数的锁针。

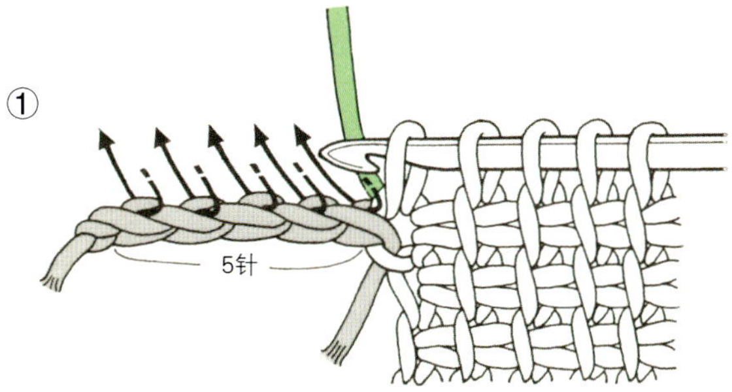

②从锁针的里山挑针编织。

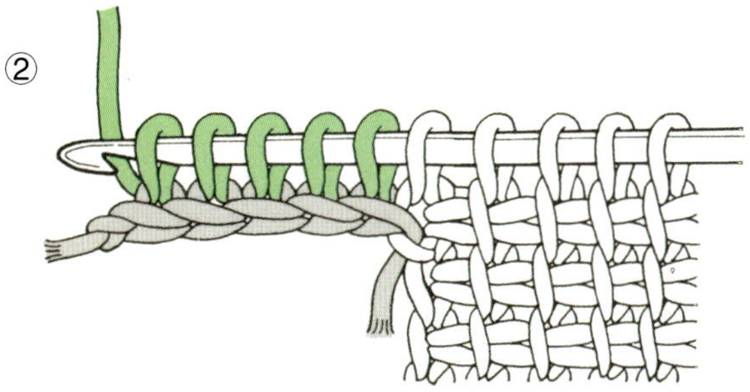

右侧

①在加针的上一行后退编织时，编织“加针针数减1针”的锁针。（起针的最后1针计入加针针数。）

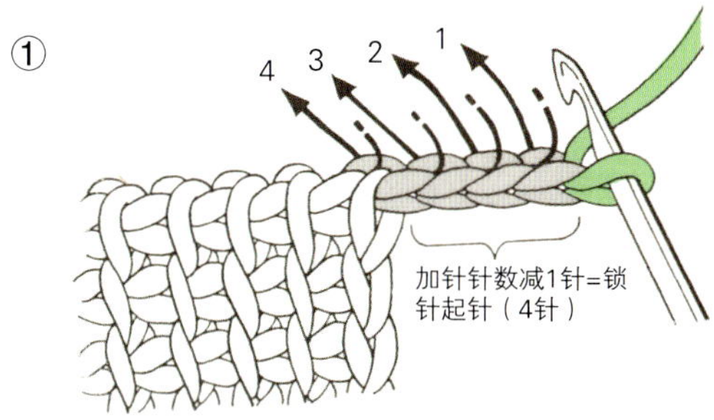

②从锁针的里山挑针编织。

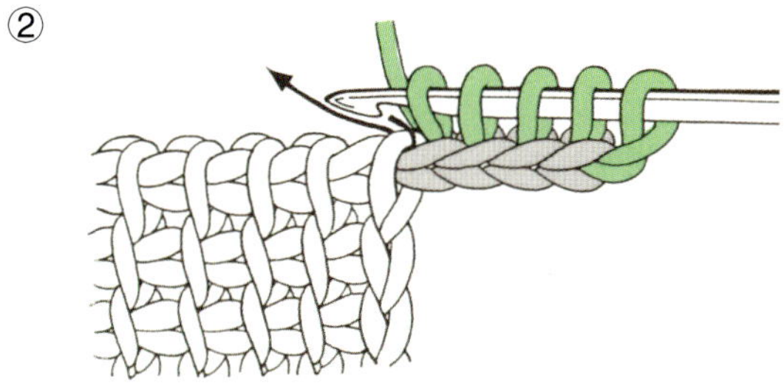

D. 交叉花样

交叉花样往往被认为是棒针的特有技法，但是阿富汗编织的交叉花样也很有特色。这个图谱前进时平针编织，后退时交叉编织，编织出麻花股花样，竖向继续编织变得很有意思。阿富汗编织的交叉针，与在前进编织时的交叉相比，还是在后退编织时的方法更容易，通常也会使用这种方法。

决定针数的方法　12针的倍数+8针

图谱的起针　12针+8针=20针

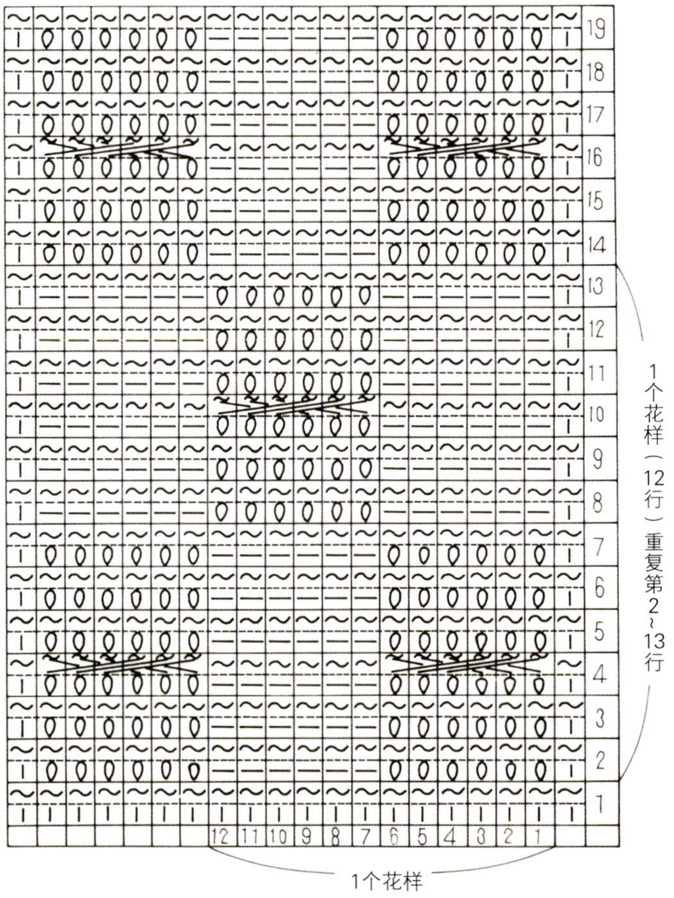

⋯平针

第2行前进编织。从上一行针目、退针的下面入针，编织下针。

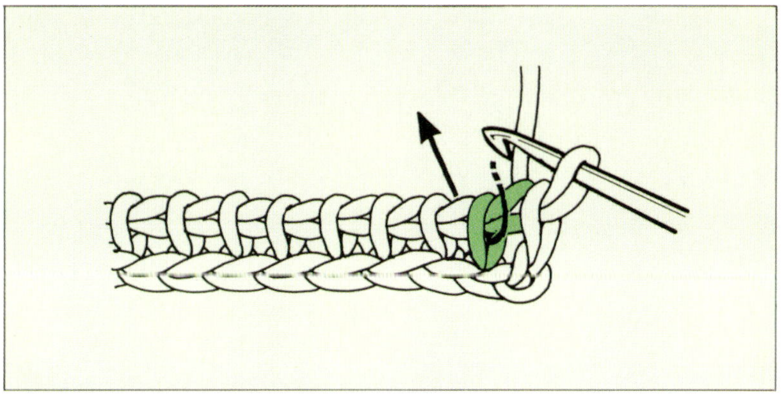

⋯退针时左上3针交叉

①第4行的后退编织。退下左侧的3针挂到麻花针上。
②在退下的3针的外侧编织右侧的3针退针。
③把麻花针上的针目挂回针上。
④编织退针。左边的针目在上面交叉编织。

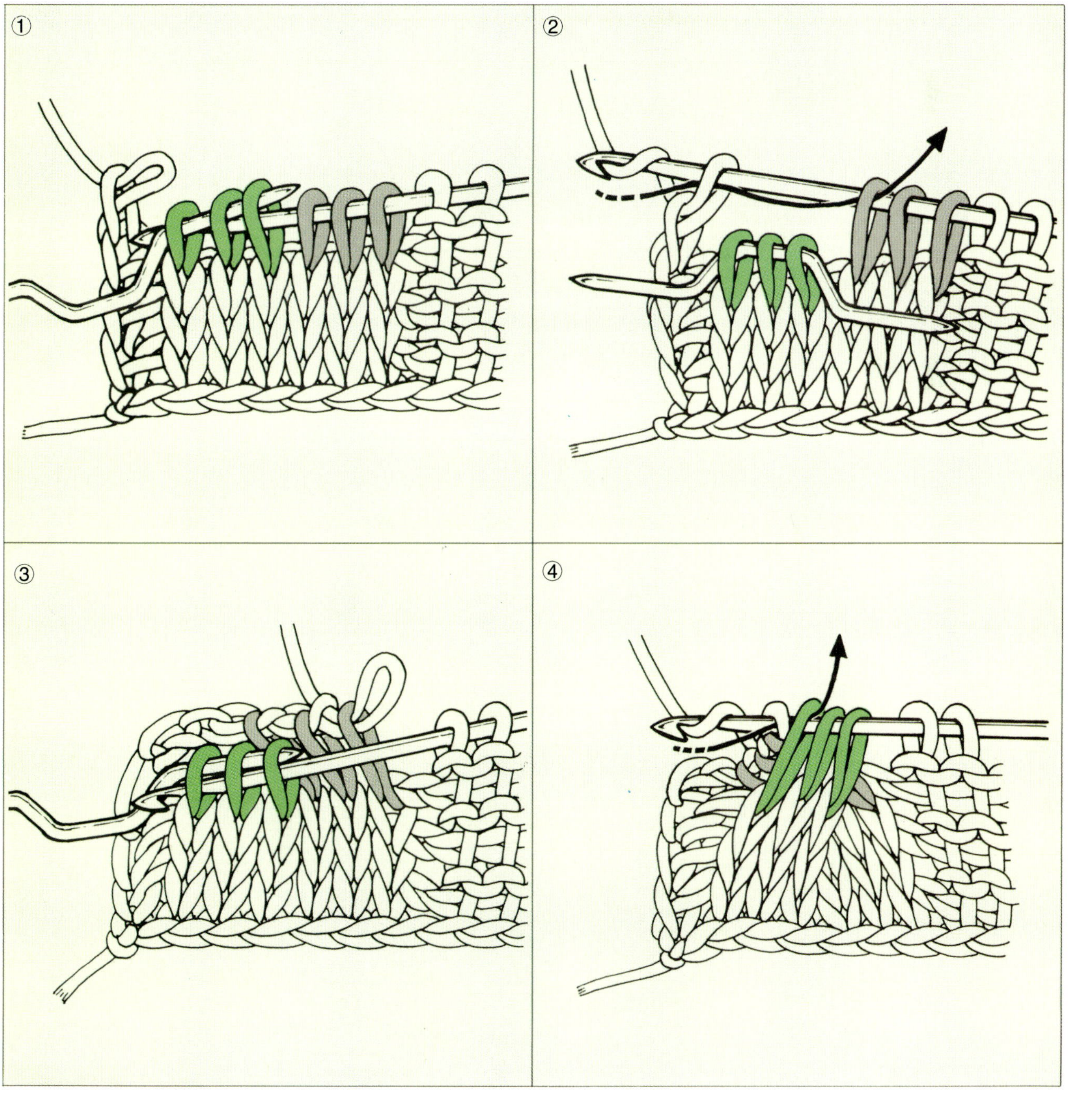

E. 正拉针花样

从若干行下面开始编出，将针目稍长引出的正拉针，无论从哪个方面来说都有很难的感觉，又扣人心弦。在此使用长针的正拉针编织方块花样。将上1针正拉针针目挑起编织下1针正拉针时，注意要完全挑起针目编织出量感，一定要正确掌握此种技法。

决定针数的方法　8针的倍数+5针

图谱的起针　（8针×2）+5针=21针

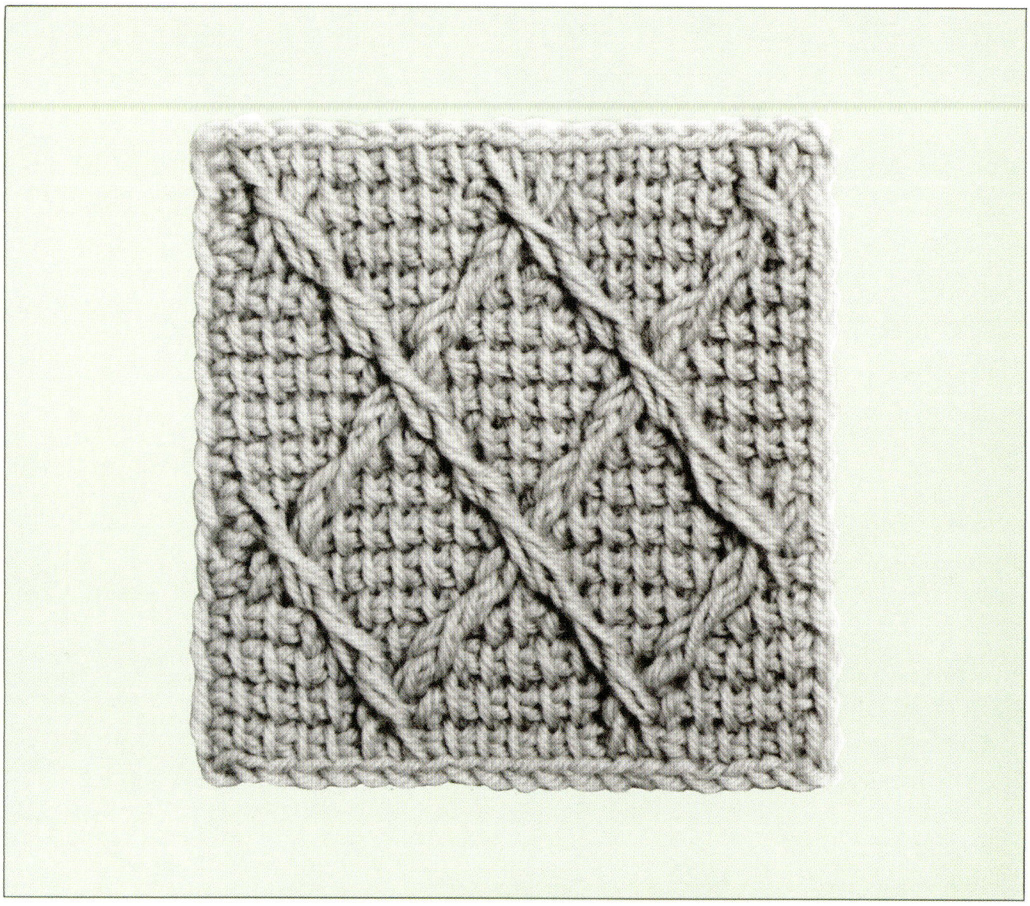

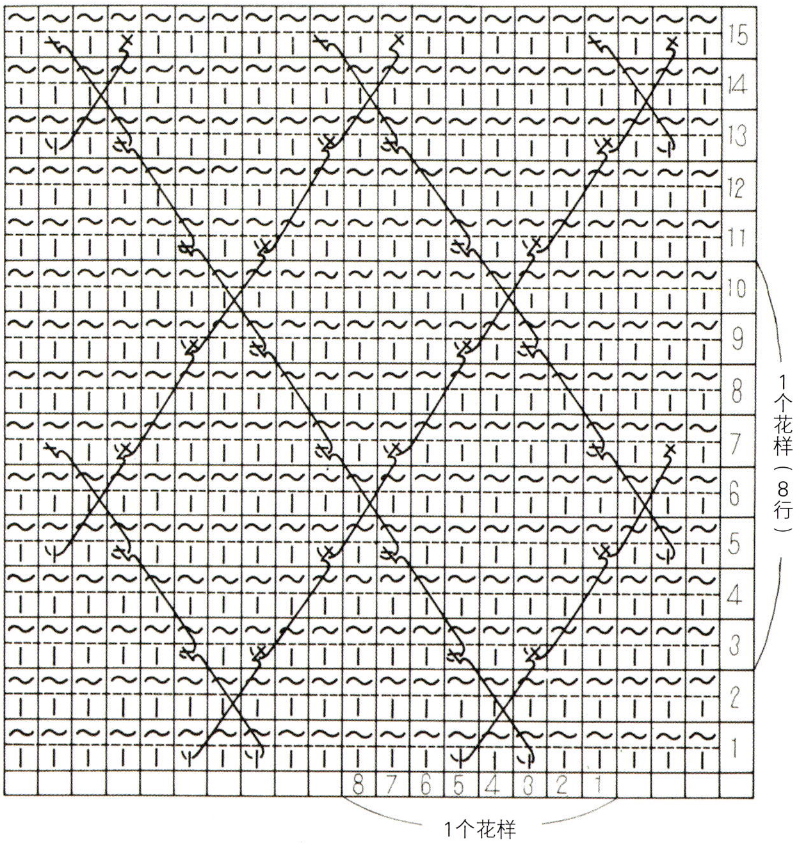

ʃ…长针的正拉针

①第3行。编织5针。线挂到针上，将针插入3针前的第1行的竖针。

②一边稍长引出线一边编织长针。跳过上一行的1针竖针，编织1针下针。接着是从返回2针的箭头所示的针目同样地编织长针。

③第5行前进编织。从第2针长针开始，将已编织的长针针目全部挑起编织。

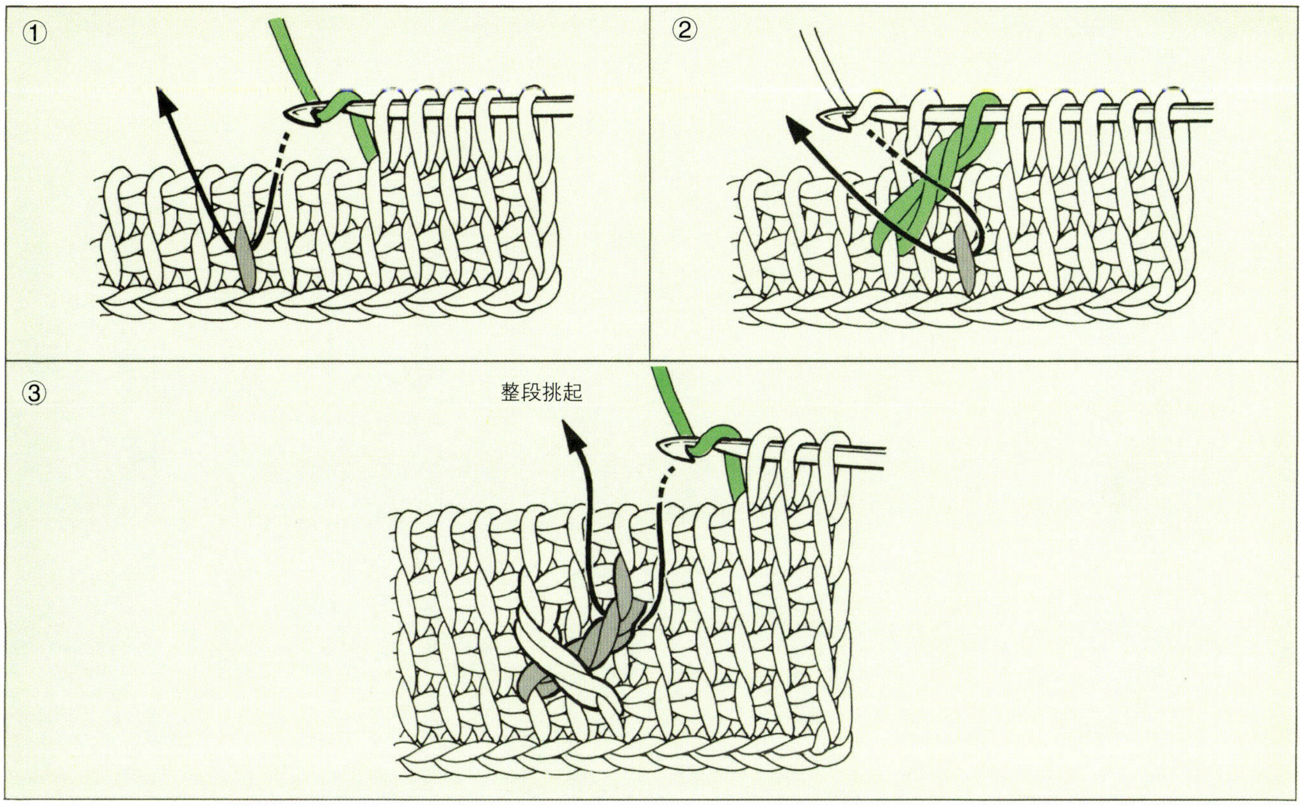

加减针技法　前进编织的折返编织（左侧）

阿富汗编织的加减针技法中，一边编织一边按顺序地加减针叫作前进编织的折返编织。这里介绍前进编织的折返编织的左侧的技法。

①起针的所有针目全部编织好放下。第1行编织必要针数后，进行普通后退编织。

②第2行。和第1行在相同的交界位置，将退针的下面的线也一起挑起，不露孔洞地进行编织。

③第2行的后退编织。

④第3行也是同样的编织。

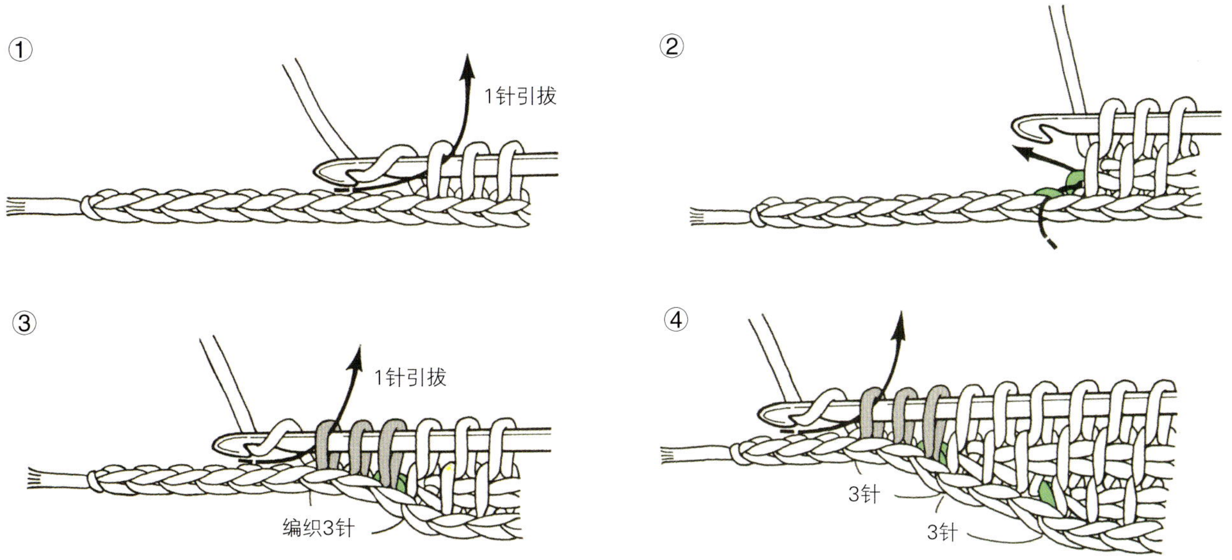

F. 枣形针花样

阿富汗编织的枣形针在一行内编织完成，形状小而外观可爱。在此练习一下3针的枣形针4个4个地集中配置的图谱。每个枣形针都很小，但是从整体看，布满了枣形针的织片外观丰满，可以尝试着在各种作品中使用。

决定针数的方法　8针的倍数+5针

图谱的起针　（8针×2）+5针=21针

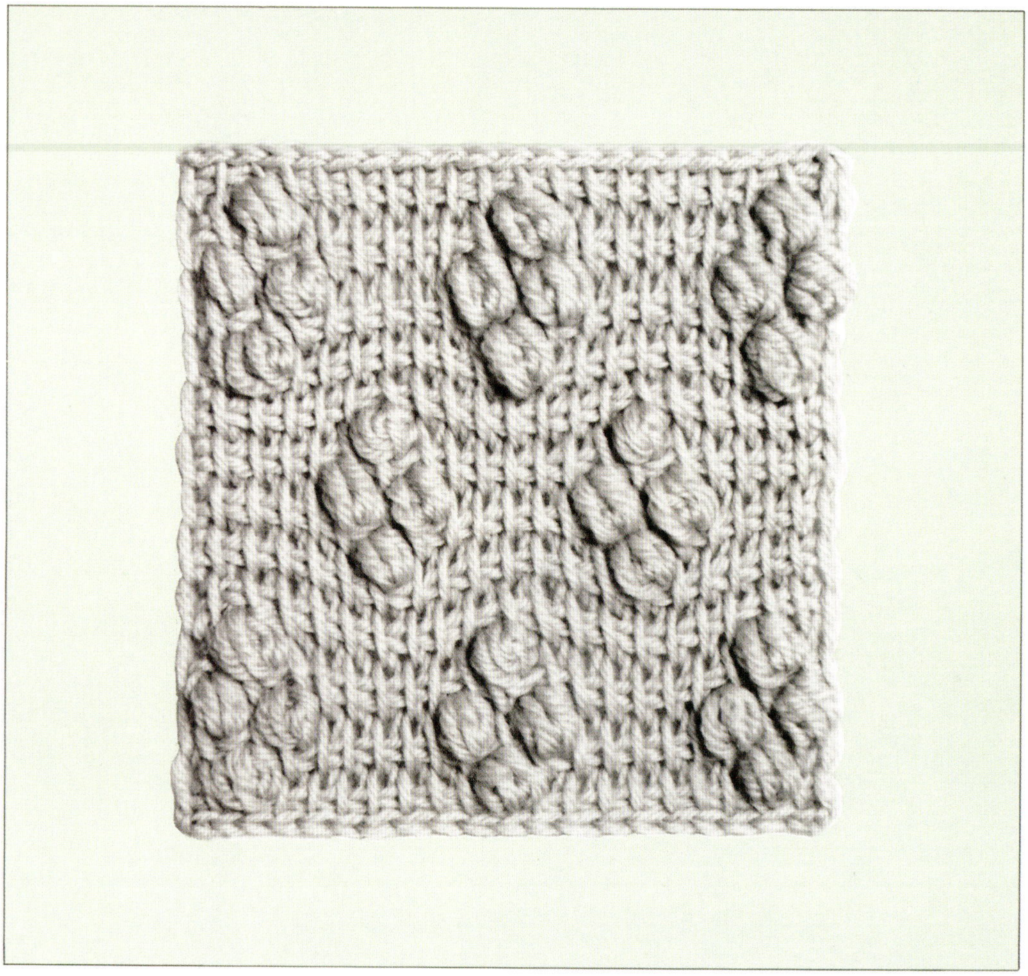

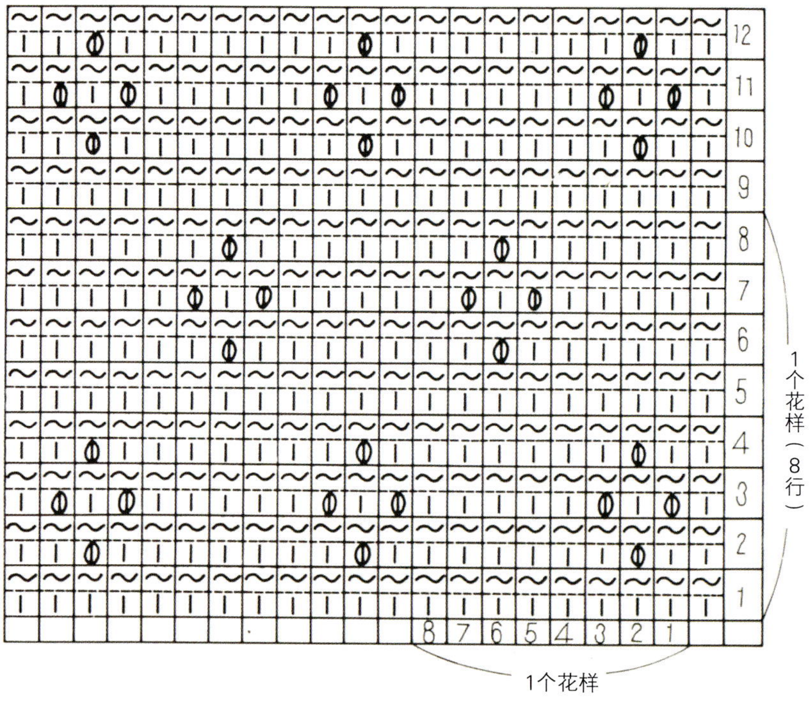

⓪…3针的枣形针

①第2行前进编织。针上挂线从上一行的1针引出。
②将此重复3次。
③挂上线，一起引拔编织出枣形针。

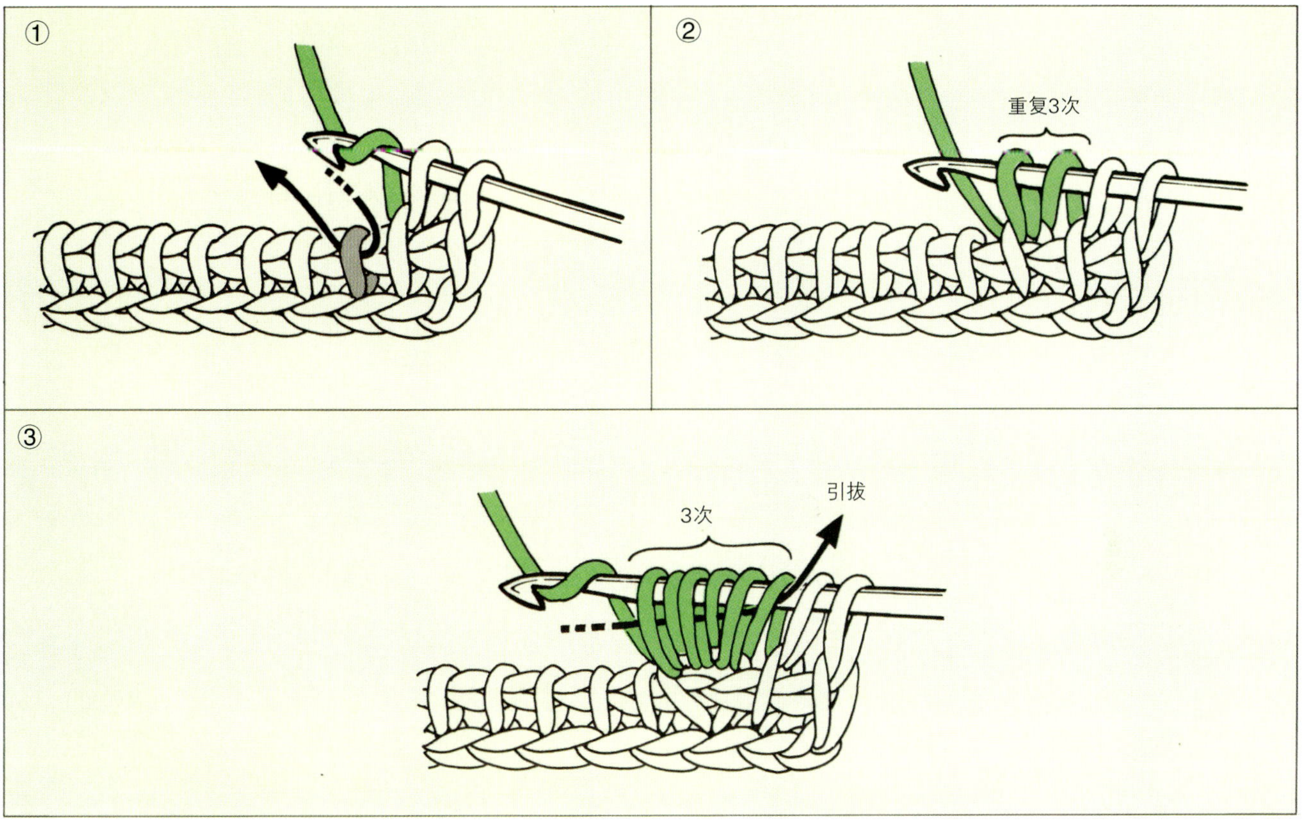

加减针技法　前进编织的折返编织（右侧）

继续21页的图解，这是前进编织的折返编织的右侧的技法。

①第1行前进编织所有的针目，第1行后退只编织到编织针目数量。
②第2行前进编织。
③第2行后退编织。退回到与第1行的交界的1针内侧，暂时退下针目。挑起箭头所示的针目，挂上线。
④3针一起引拔。
⑤退回编织到第2次的针目数量。
⑥第3行前进编织。交界的针目只挑起退针针目的1根线。

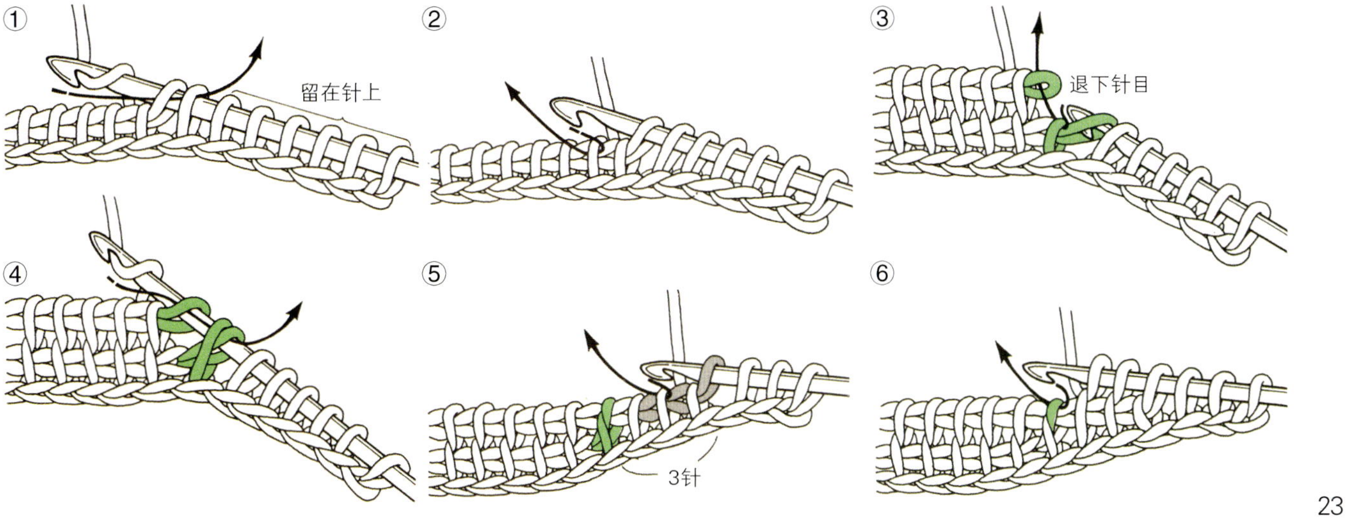

G. 环编花样

环编花样用锁针编织时效果最好。此处利用阿富汗编织退回时编织锁针3针的环编。在普通的阿富汗编织中环编随处可见，简简单单地编织，就可以编织出非常可爱的图谱。

决定针数的方法　4针的倍数

图谱的起针　4针×5=20针

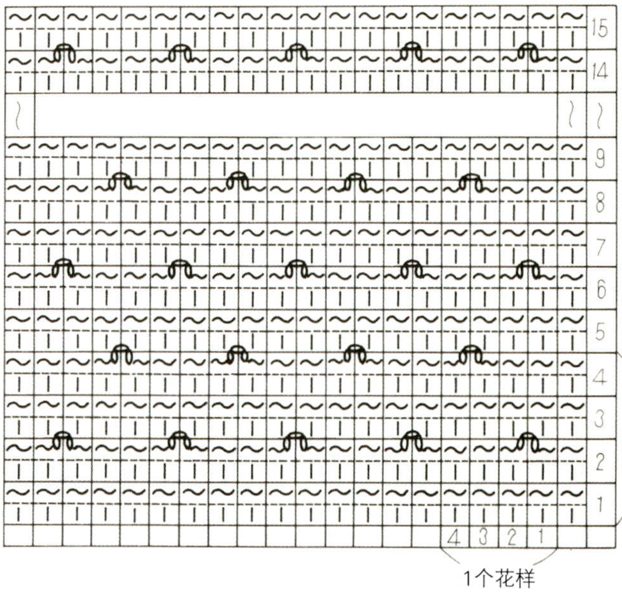

编织方法要点

…3针锁针的环编

①第2行后退编织。退针编织左边的2针。接着和钩织的锁针一样，编织3针，再编织退针。

②第3行前进编织。将环编的针目放到内侧，挑起竖针编织。

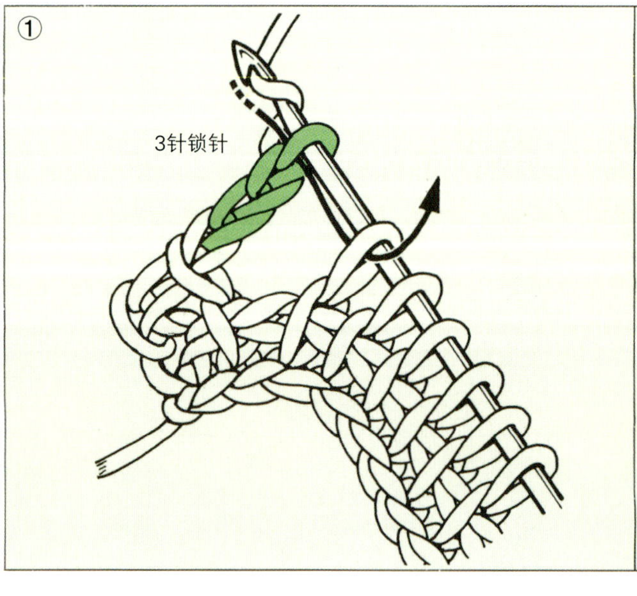

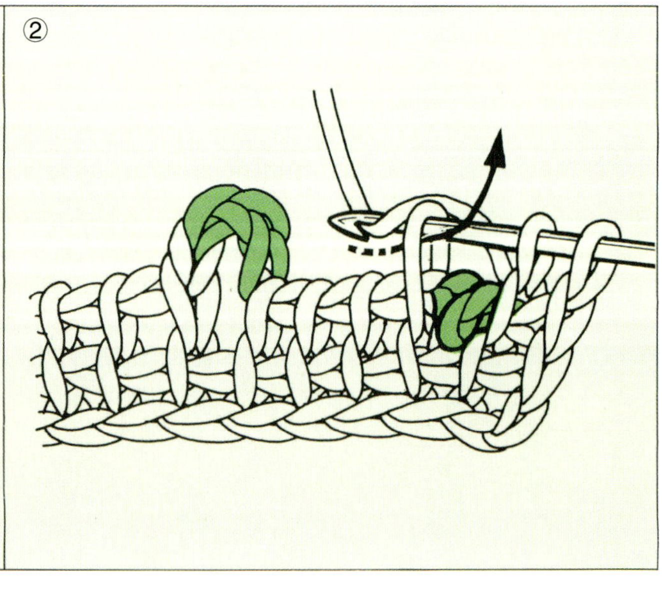

H. 织入花样

编织小花样或是频繁改换颜色的花样时，一边在反面渡线一边进行配色编织。前进编织时用配色线编织的针目，后退编织时也用配色线编织，这是原则。在编织大花样或是竖向连续的花样时，不在反面渡线，各自挂线织入花样。现在一边学习编织这2种花样一边制作一枚图谱。

图谱的起针　　19针

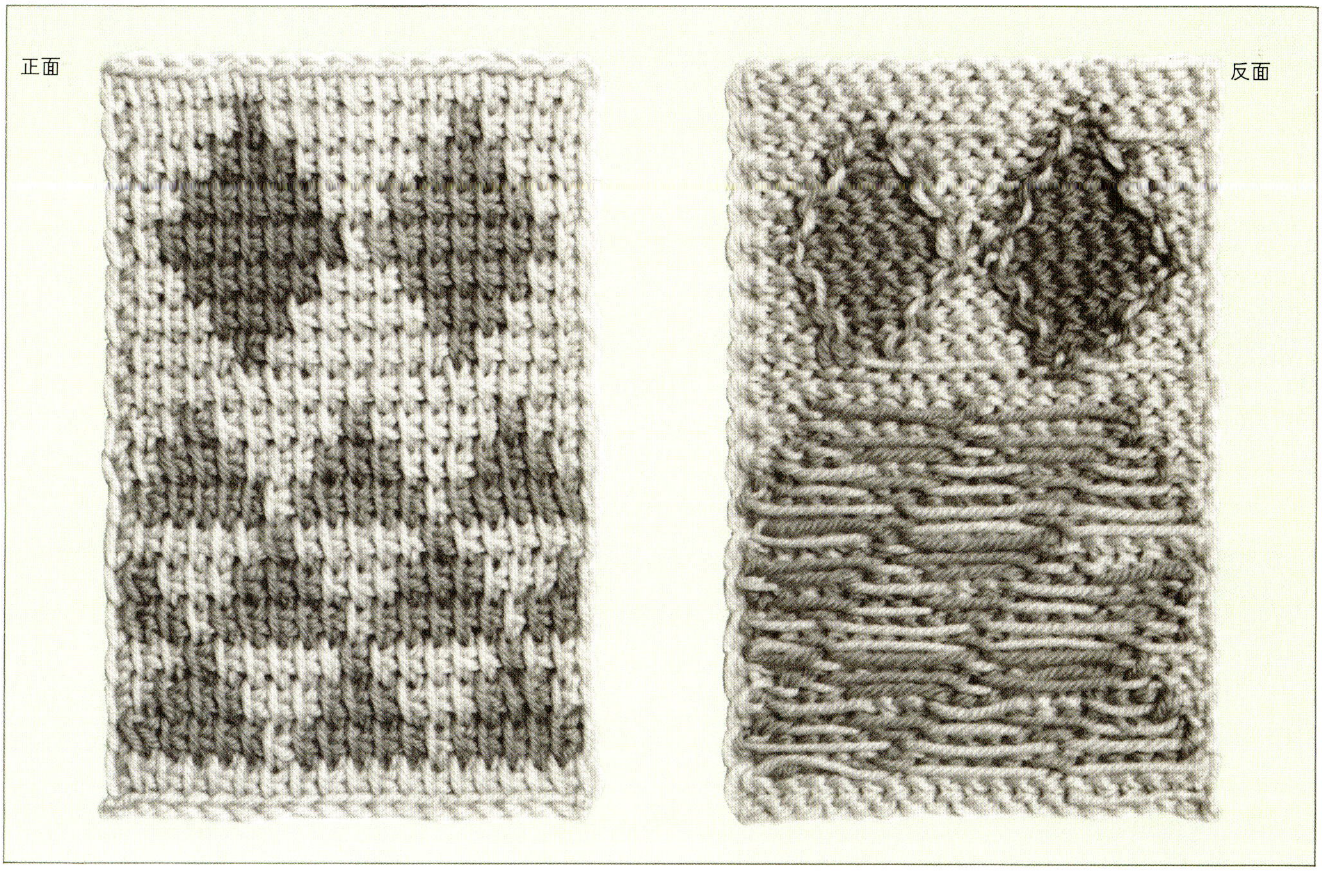

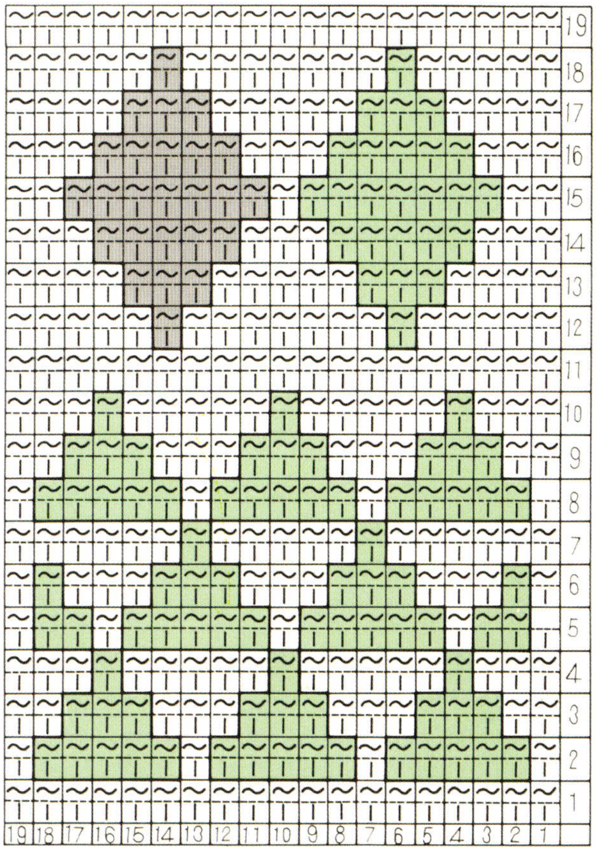

□=A色　　■=B色　　■=C色

横向渡线编织

第1行用编织线编织。
①第2行前进编织。配色针目编织时，重新挂配色线编织。
②换编织线时，从配色线的下面渡线编织。
③换配色线时，从编织线的上面渡线编织。
④第2行后退编织。前进编织时用配色线编织的针目，后退编织时也用配色线编织退针。需要注意的地方是，只在最左端换颜色时，使编织线和配色线交叉，不要留出孔洞地编织。
⑤第3行前进编织。前进编织只在最右端换颜色时，使编织线和配色线交叉，不要留出孔洞地编织。

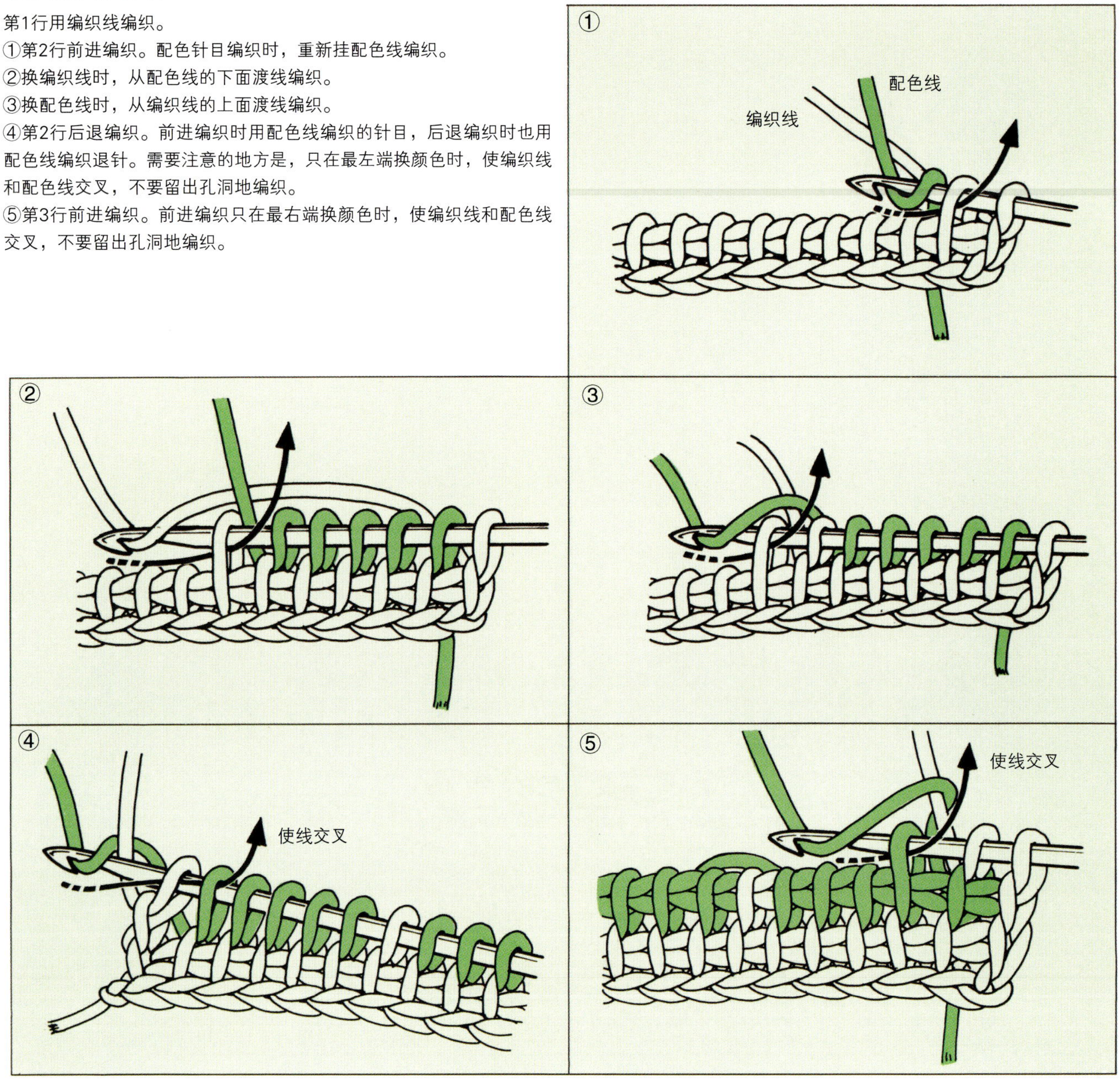

扣眼　引拔收针方法

这是一边编织一边制作扣眼的方法。孔洞的位置多少有点显眼，但是可以很简单地完成。

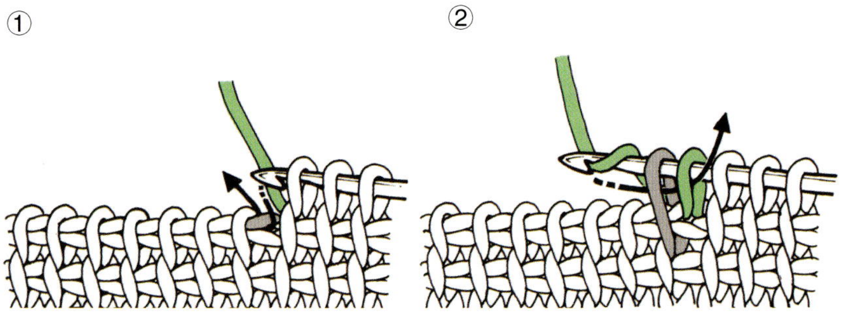

不渡线编织

①第12行前进编织。花样的第1行是各自一边挂线一边编织。

②第12行后退编织。前进编织时用配色线编织的针目，后退编织时也用配色线编织，换线时不要留出孔洞，使线交叉后编织。

③第13行前进编织。前进编织也是在换线时使线交叉。

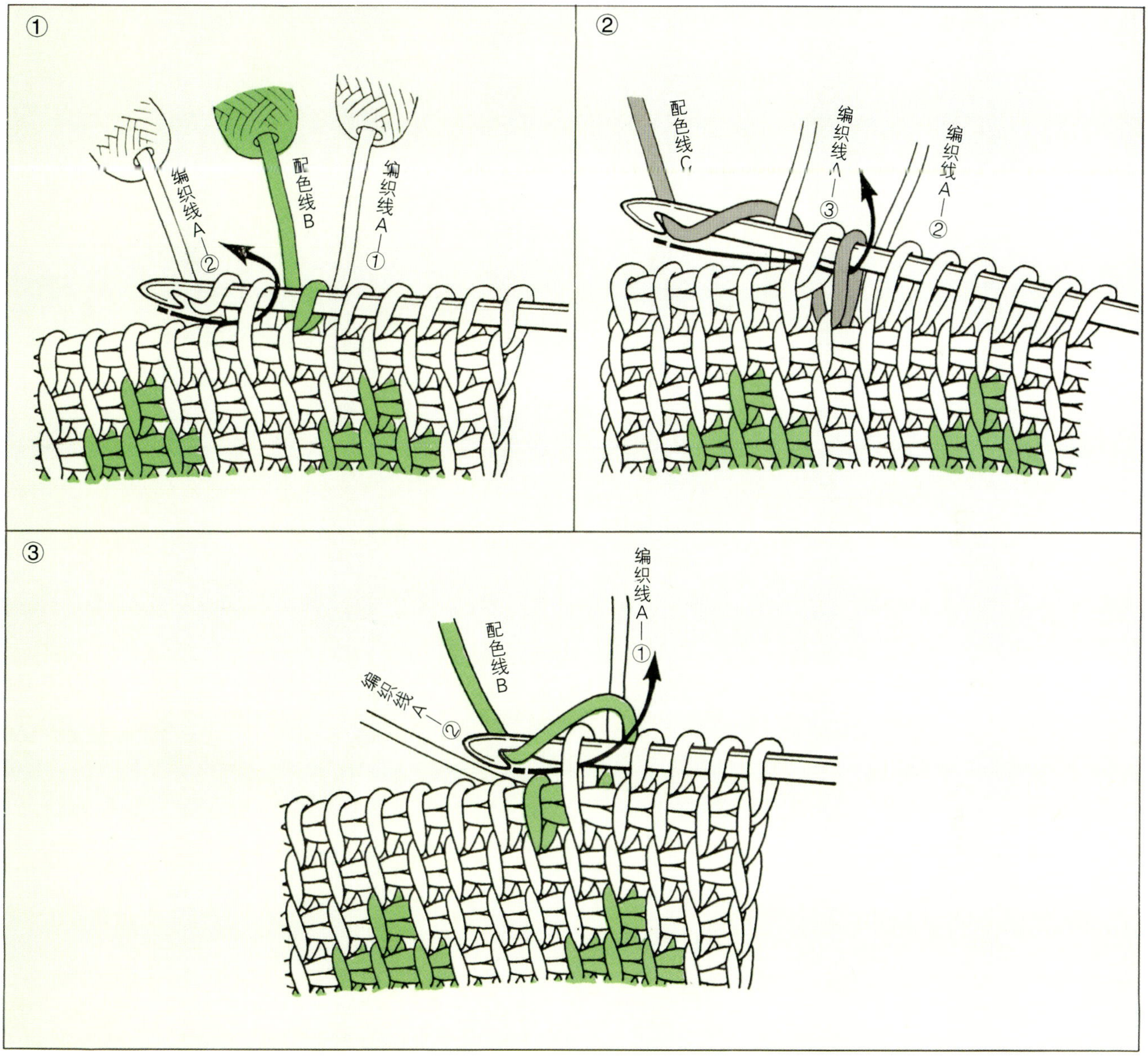

①扣眼的针目用引拔收针。将针插入最初退针锁针的半针，引出线。

②接着将针插入上一行的竖针，挂线引拔。

③图中扣眼是4针的例子。接着正常编织。

④在后退的行编织4针锁针。

⑤下一行前进编织时，从锁针的里山挑针编织。

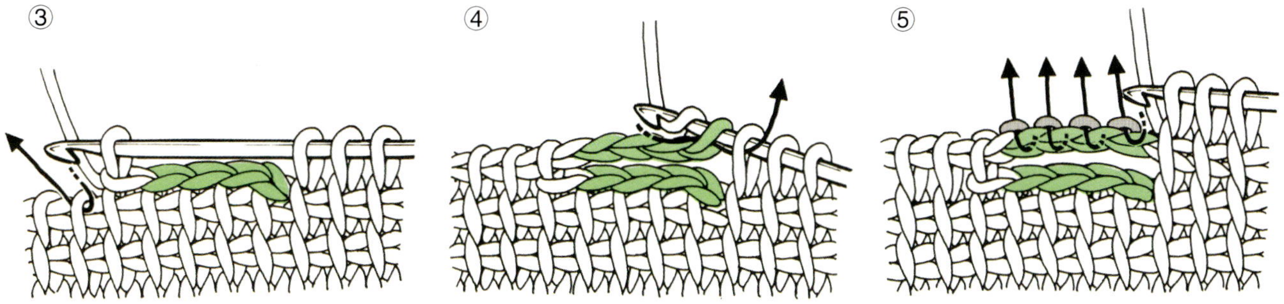

I. 鹿纹花样

虽说都是鹿纹编织，可是由于针目种类和针目数量的不同，也会有各种各样的变化。这个图谱是长针和上针1针1针地交替组合的花样。因为使用了编织针目的高度、量感、外观完全不同的2种针法，虽是小花花样，可是却成为观感丰富的图谱。

决定针数的方法　2针的倍数+1针

图谱的起针　（2针×10）+1针=21针

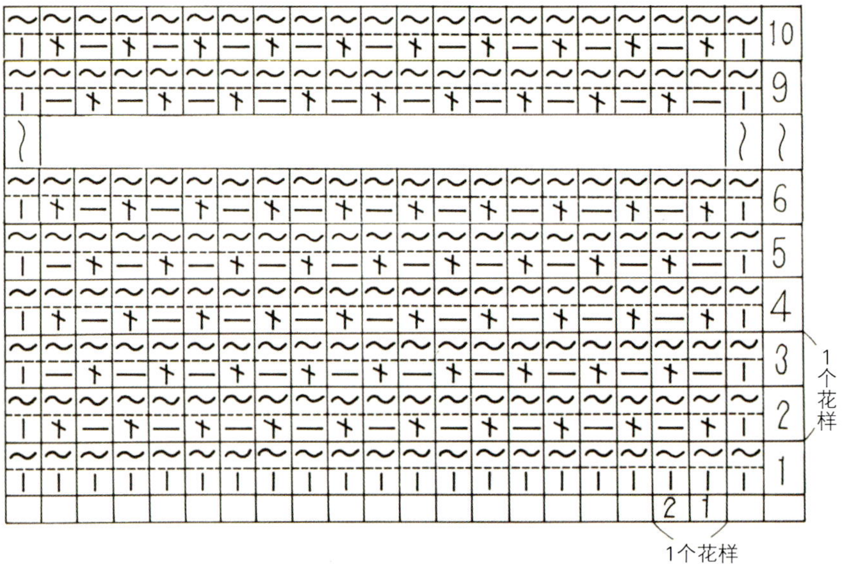

编织方法要点

①第2行前进编织。第2针编织长针。
②下1针编织上针。将这2针交替重复编织。
③第3行后退编织。左端第2针是上针时，在退针的最初引拔2针。

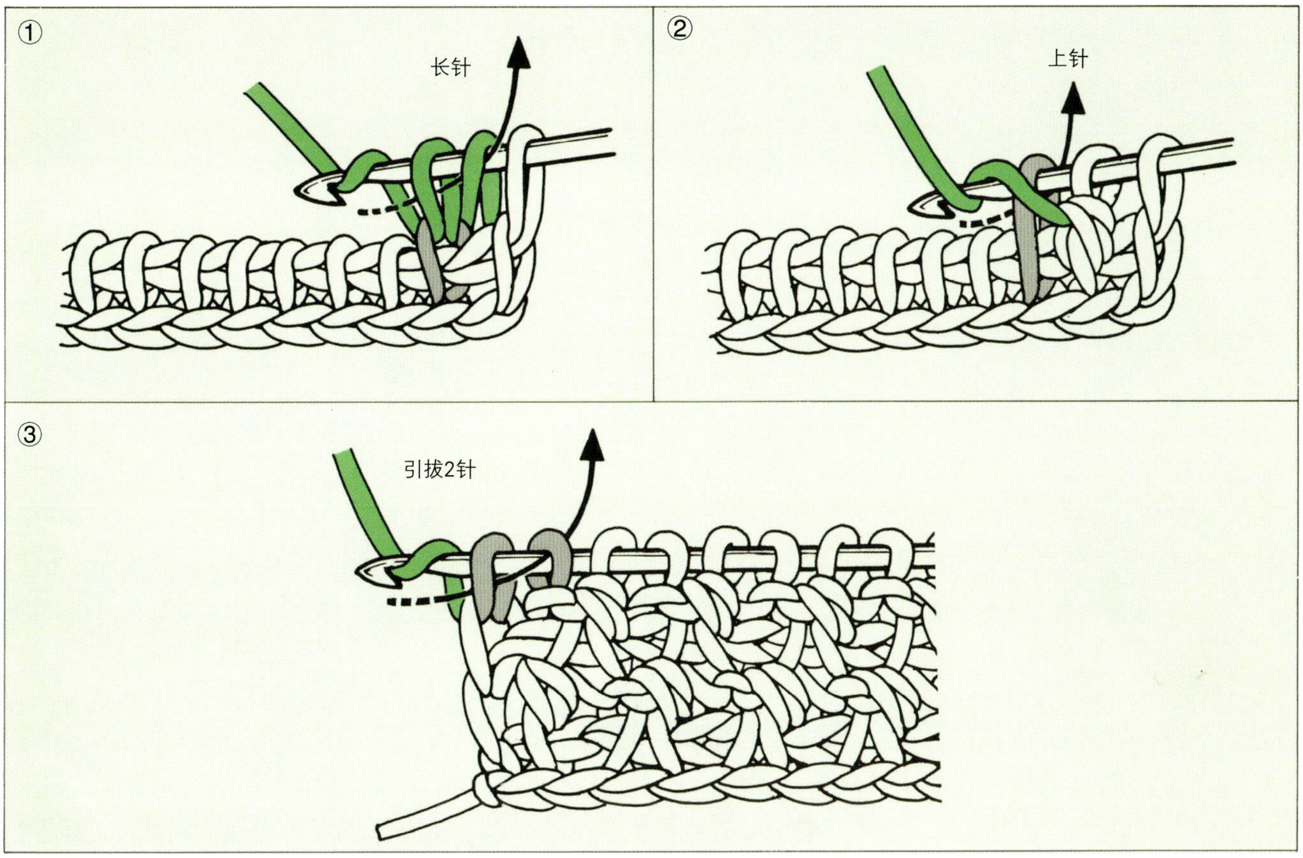

扣眼　用扣眼针迹锁缝的方法

这是解开另线起针、周围用扣眼针迹锁缝的制作扣眼的方法。操作时不容易滚动，可以很整齐地完成，只是稍微有点难度。

①只将扣眼的针目数量（此处是5针）另线编织锁针放下，在前进编织时，挑起另线锁针的里山编织。
②编织5针后，接下来正常编织。
③解开另线锁针，锁缝扣眼的上下边缘。

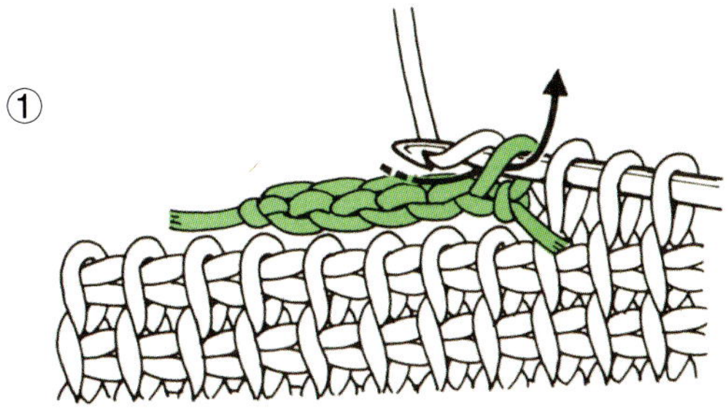

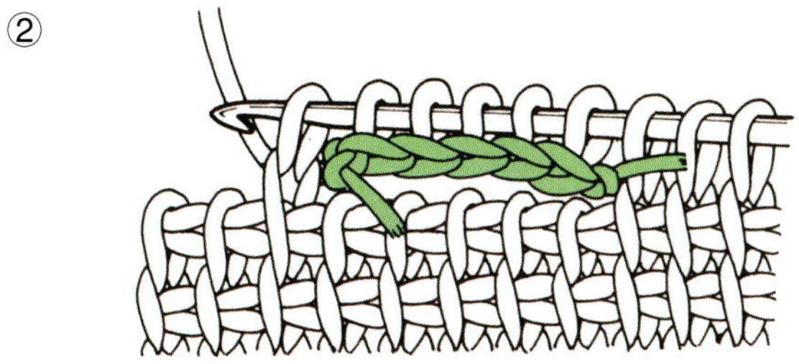

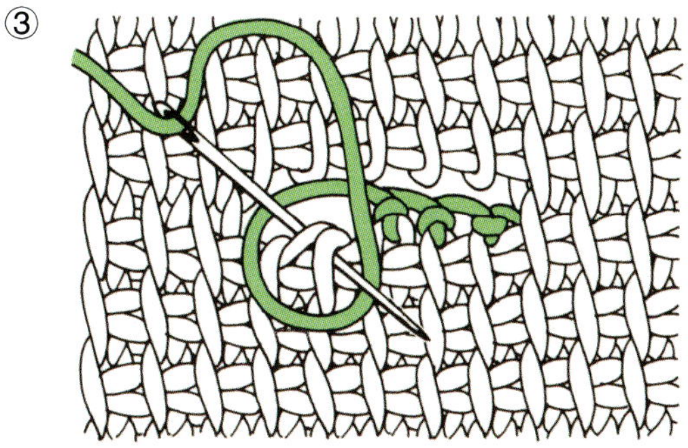

四、活用花样的作品和制图

此处将在前面学到的具有代表性的9种花样应用到实际作品中。阿富汗编织与其他2种编织技法不同，制作作品的频率好像不是很高。借此机会，学习一下制图和制作两个方面。9种图谱都有各自的微妙差别，利用这一点来制作作品很重要。

D

图谱A 前进编织的镂空花样

F

图谱I 鹿纹花样

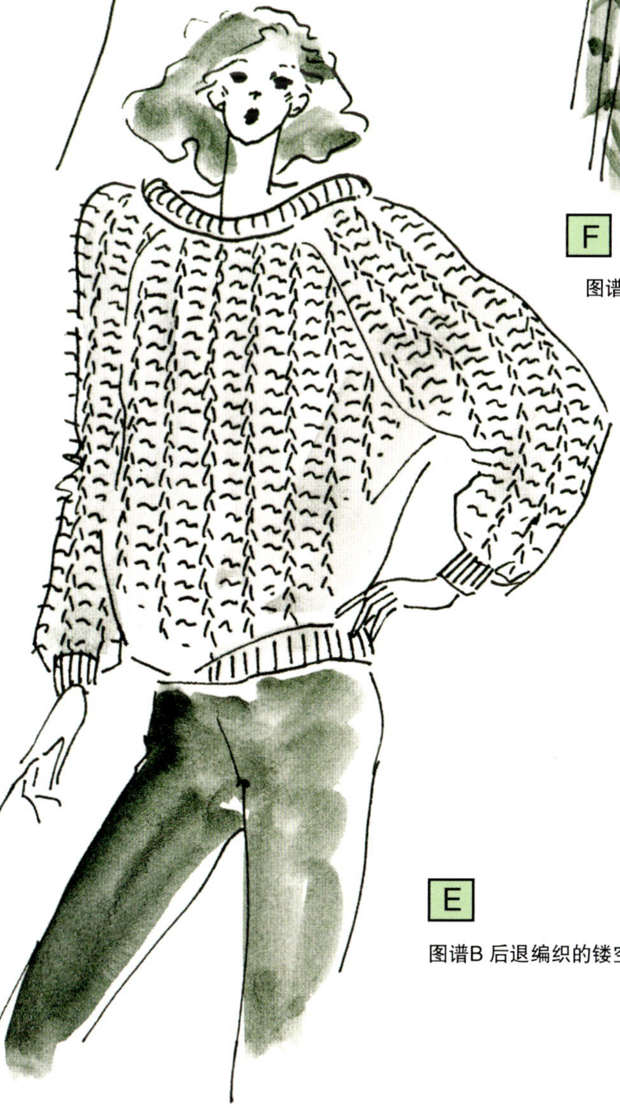

E

图谱B 后退编织的镂空花样

G

图谱F 枣形针花样

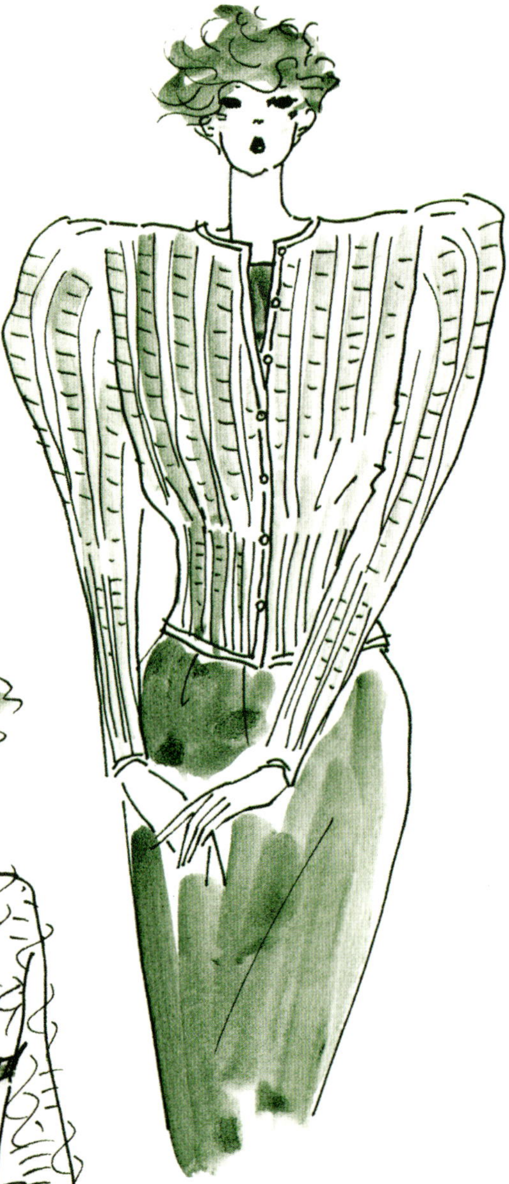

I

图谱C 滑针和浮针的花样

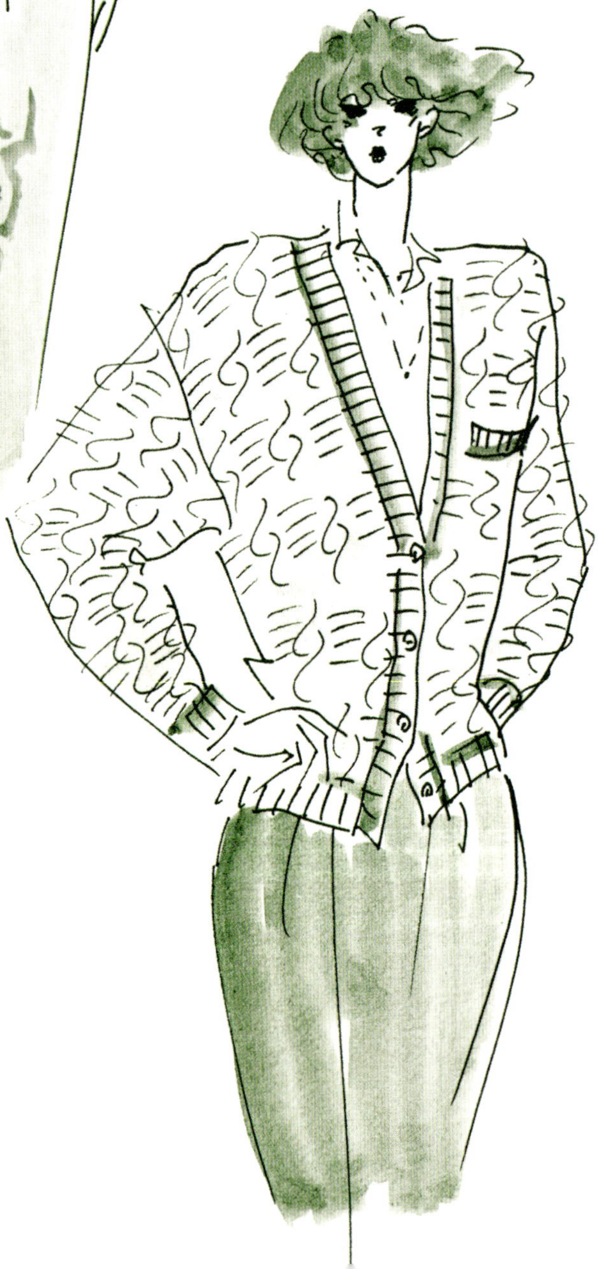

H

图谱D 交叉花样

A. V领马甲

这是一款最基础的V领马甲。V领开衩终止点为11cm，是在V领的深度（领宽2cm×1.7=3.4cm）的位置，画身片的领窝线。衣领编织单罗纹针，V领的中心处做3针并1针的减针，从而调整V领的角度也即给领窝加弧度。因为织片容易变厚，所以请使用稍细的材料。

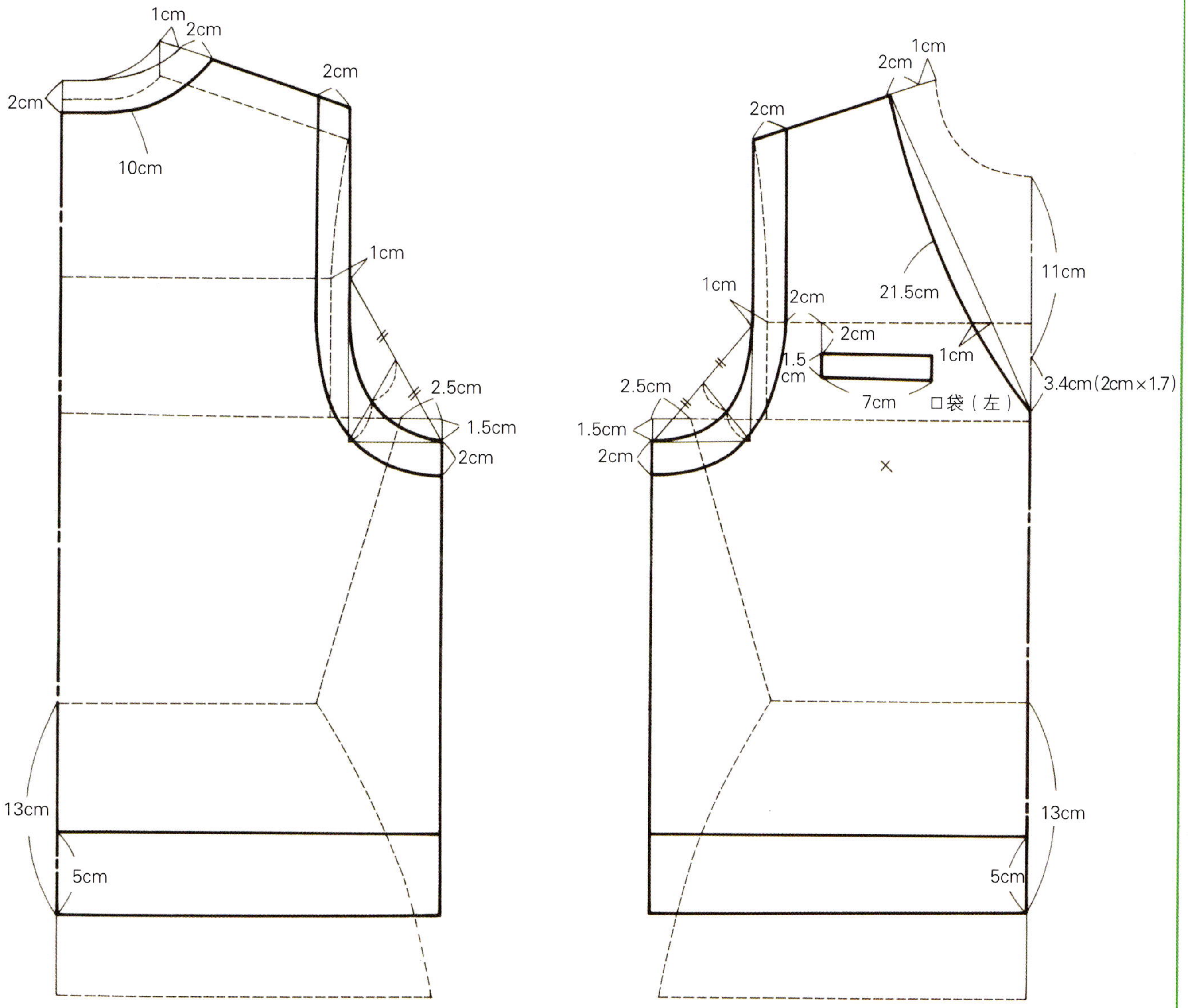

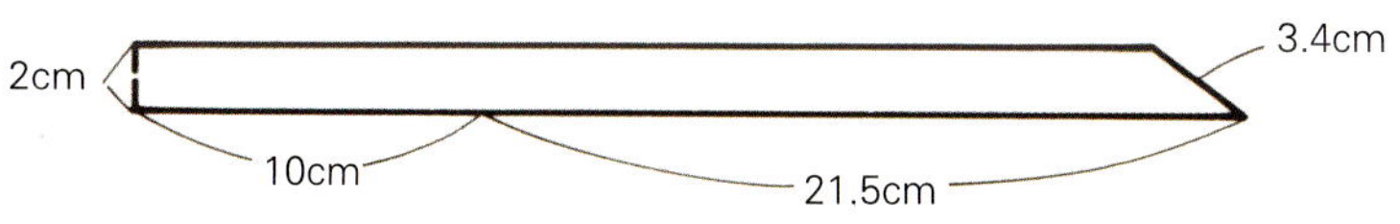

B. 圆领马甲

这是一款最基础的圆领马甲，通过颜色和花样的组合，为作品增加不少变化，是将2种花样斜向组合的例子。方块花样单独使用，试着改变颜色，身长留得短些，S.P（肩线与袖窿线的交点）提升1cm确保缝份。

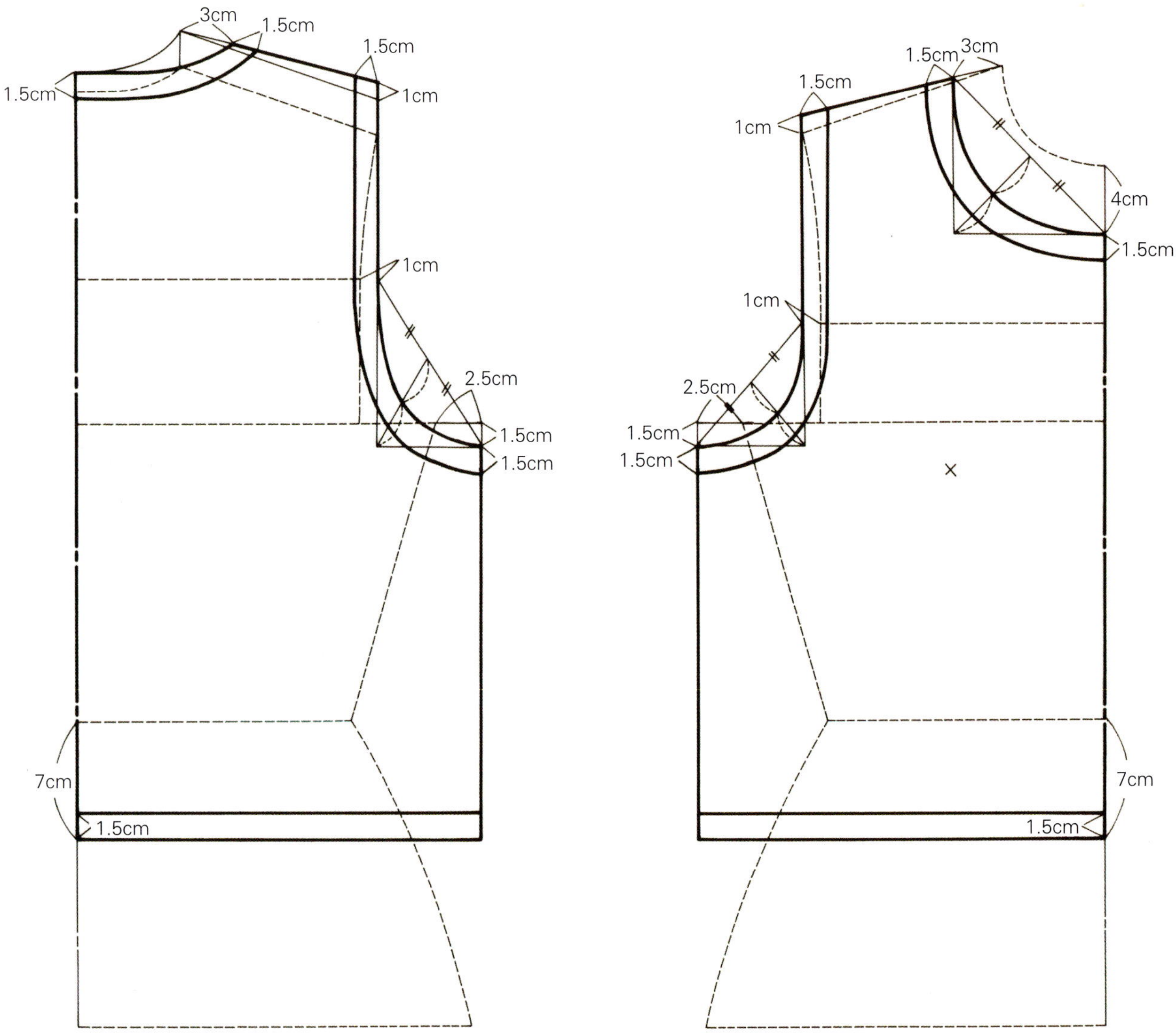

C. 半袖装饰裙上衣

因为花样很可爱，所以选择了与之相配的款式。腰部加上4cm的蓬松部分，从里面穿过松紧绳，简单的罩衫就制作好了。袖子是3分袖，从袖山开始向上剪开，抽褶部分留出5cm。边缘编织用钩针编织环编花样等，修饰协调整体风格。

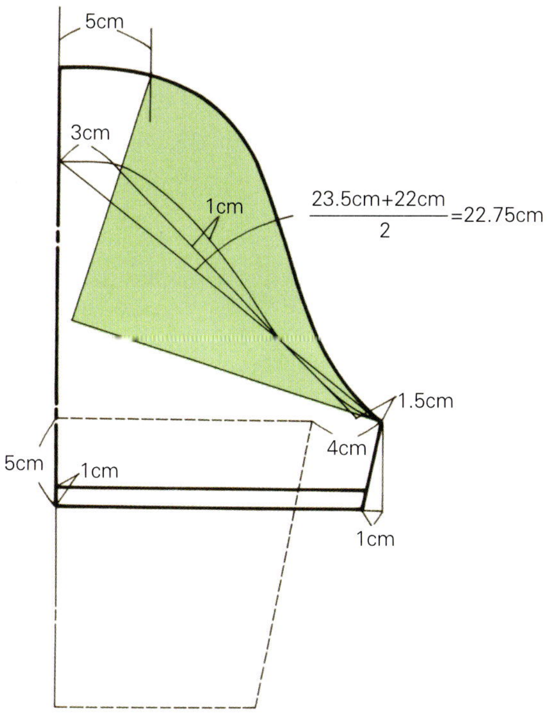

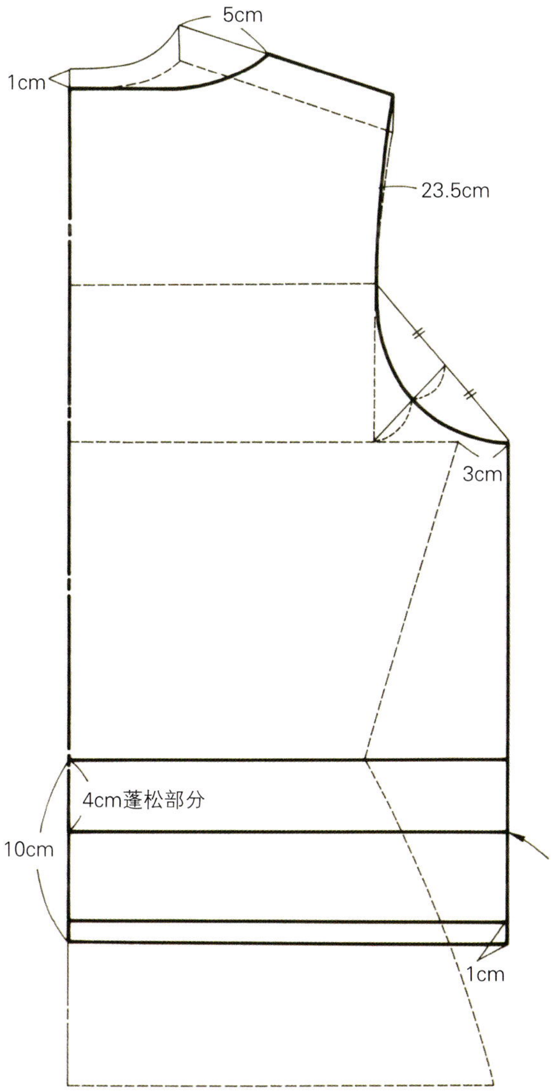

穿过松紧绳

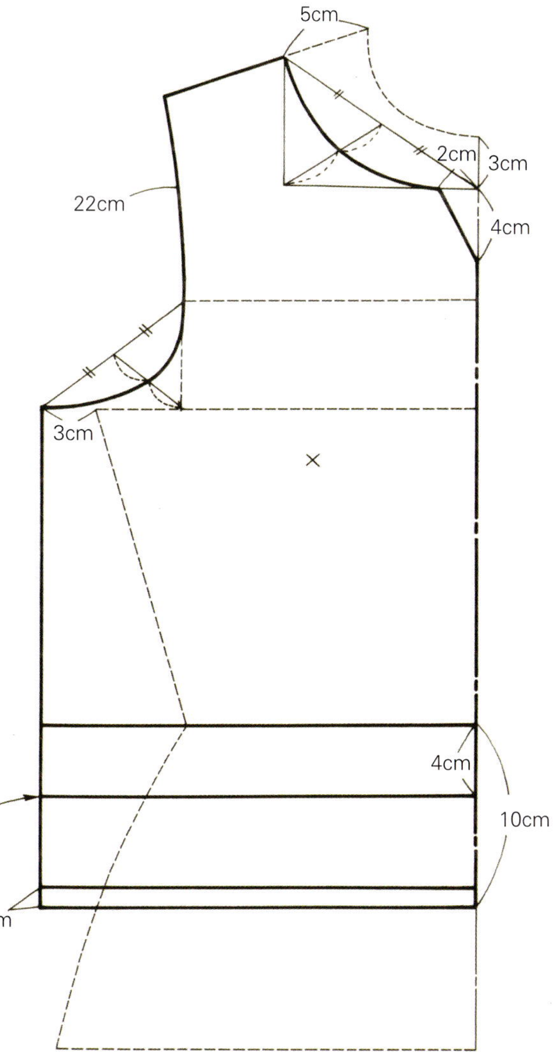

领子的边缘宽1cm

D. 土耳其袖套头衫

为了更好地体现斜向流淌的花样效果，身片和袖子也延续了这种形式，尝试制作成了土耳其袖套头衫。S.P升高1.5cm，重新画肩线，并在其延长线上直接接袖。袖宽多留7cm，连接袖下线，画出袖下弧线。领窝是没有开口也可以套头的尺寸，在套领不好穿的情况下，可以只在领部开口，肩部用装饰纽扣修饰。

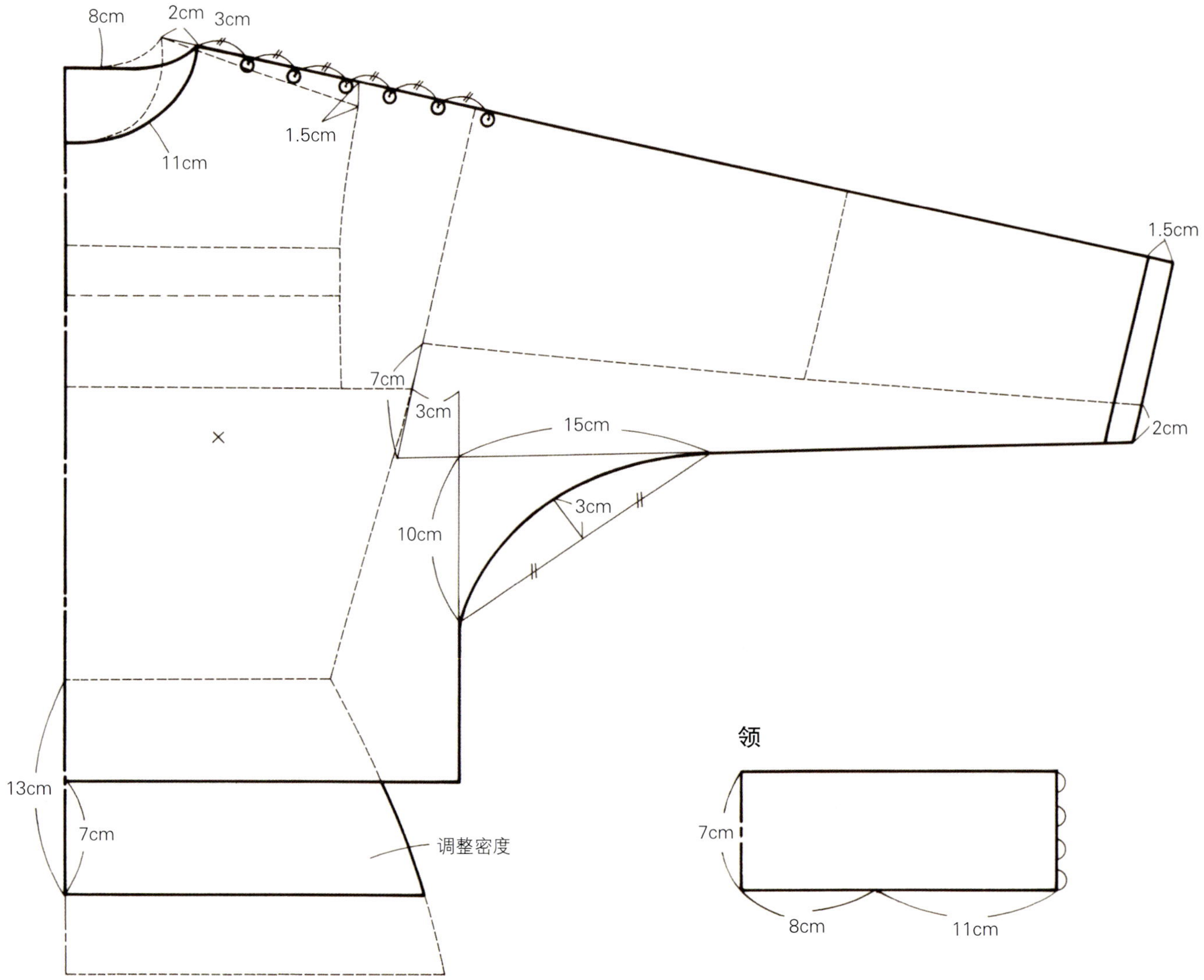

E. 插肩袖套头衫

这是一款整体轮廓为法式袖，作为设计线将袖改为插肩的作品。S.P升高1.5cm与袖原型连接，袖宽多留5cm，结合袖下线画出袖的弧度（竖5cm、横12cm）。后领窝的1/3处和袖下弧度的起点相结合，画出插肩线。下摆、袖口、领等处，编织单罗纹针。

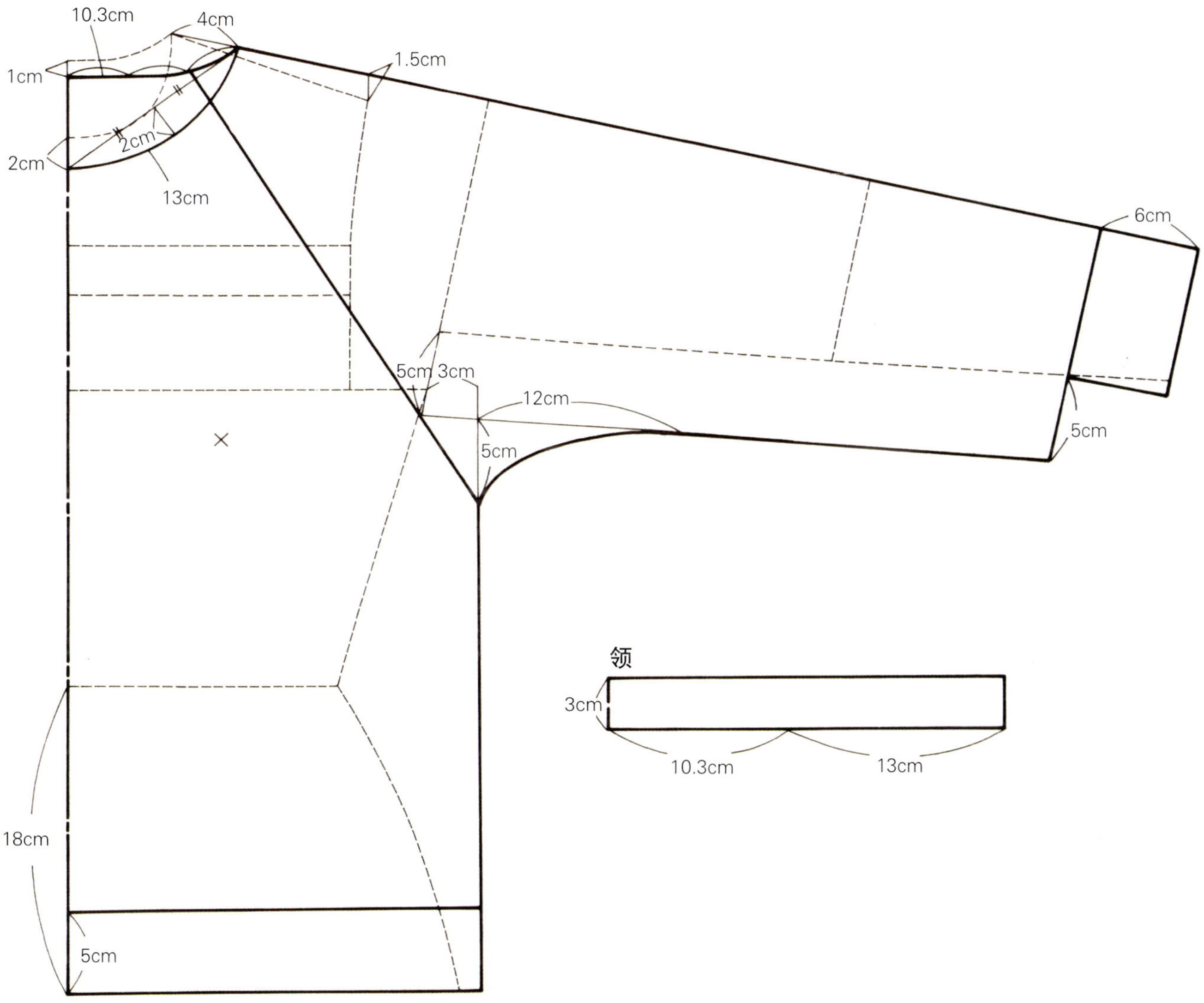

F. 育克袖套头衫

这是一款使用了枣形针花样的织片，设计和细节赋予变化的作品。画出T型袖制图，加入育克线。育克前身与肩线平行7cm宽，后身水平画线。口袋是假口袋，只贴上松紧针编织的口袋口。领略细，也是用罗纹针，通过调整密度向四周张开。育克线用半针缝整齐缝合收尾。

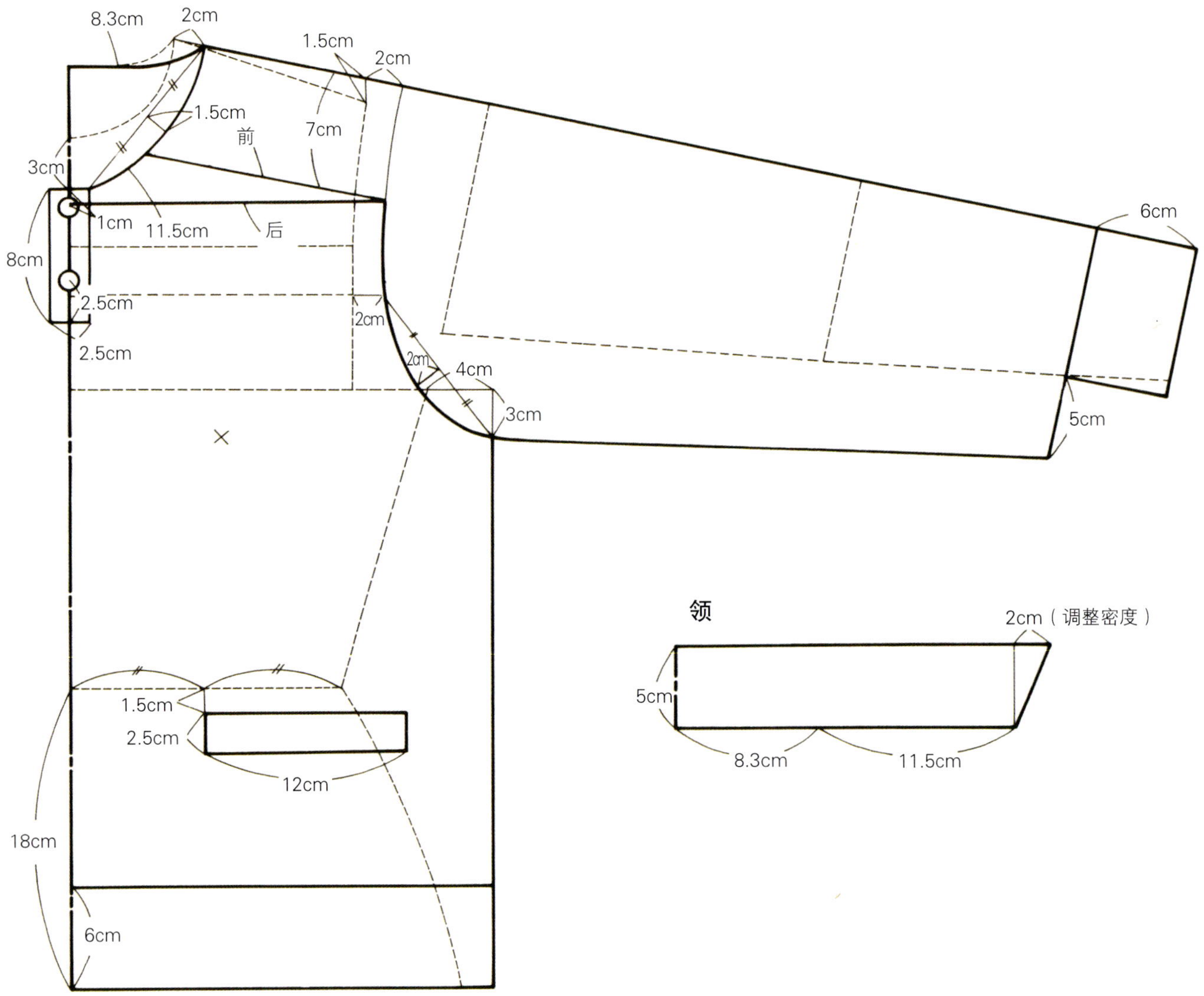

G. 短款开衫

这是一款为了凸显枣形针的立体感而缩短身长的对开毛衣。其形状是最基本的圆领风格，但是在制图方面表现出现代感。作为收尾的技术，只有前门襟使用罗纹针，袖口、下摆、领等处使用钩针编织。这是一款组合3种技法的优点的作品。

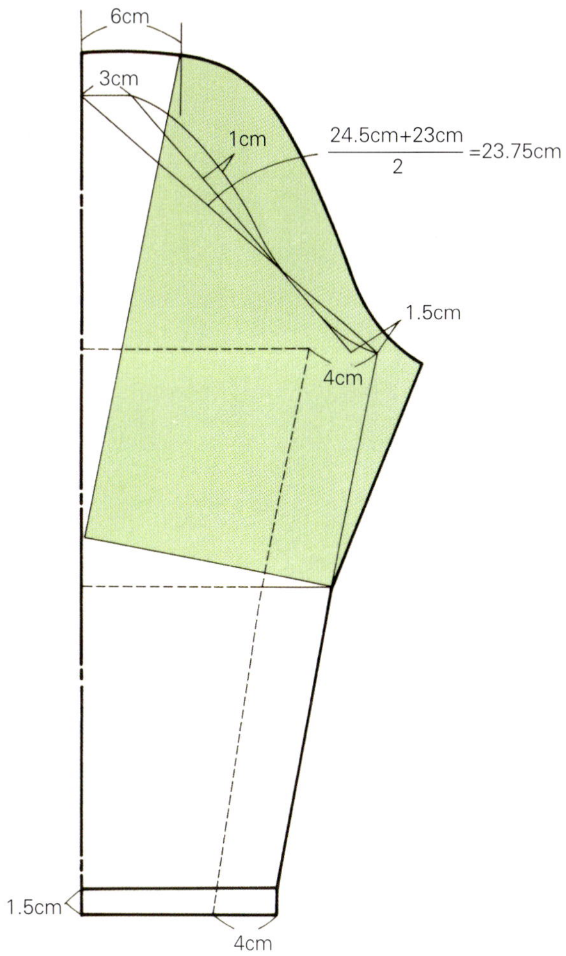

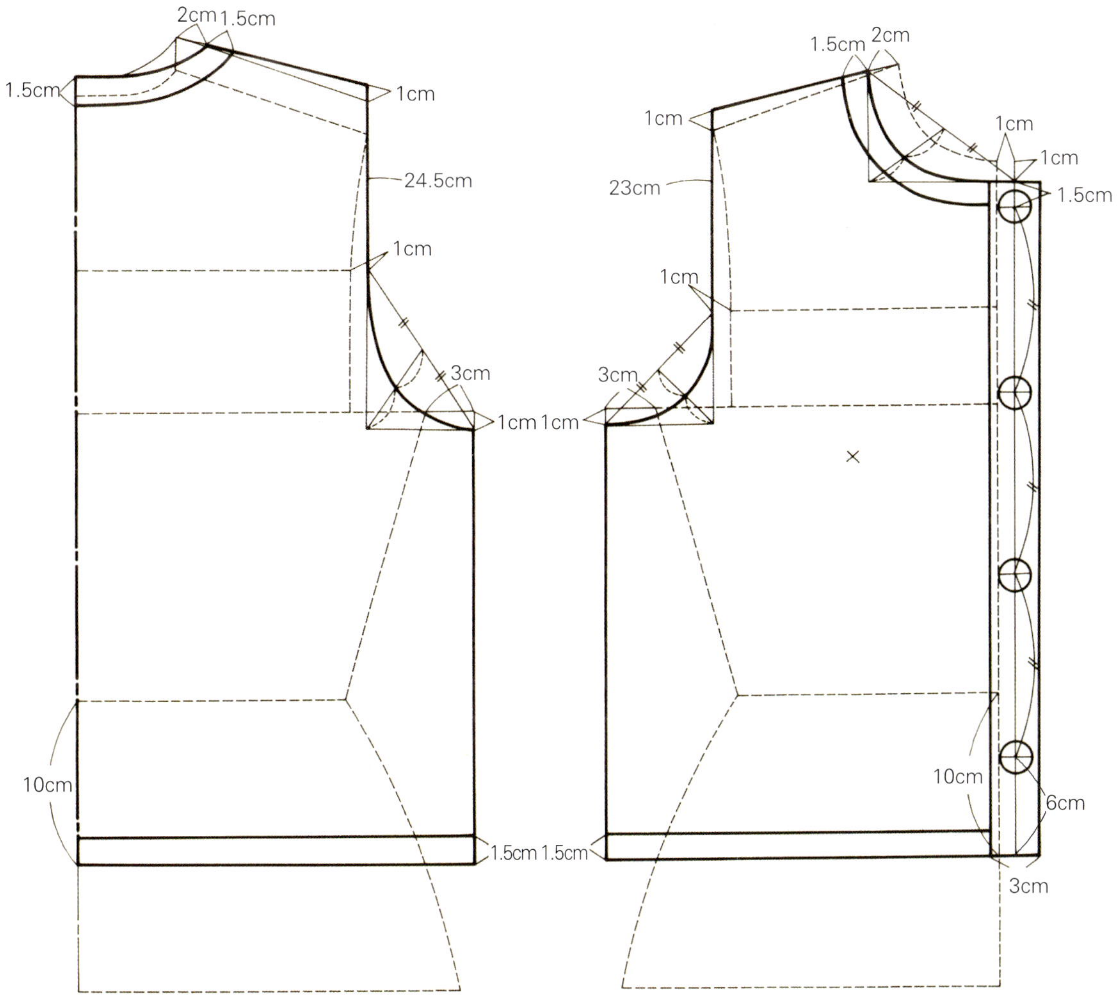

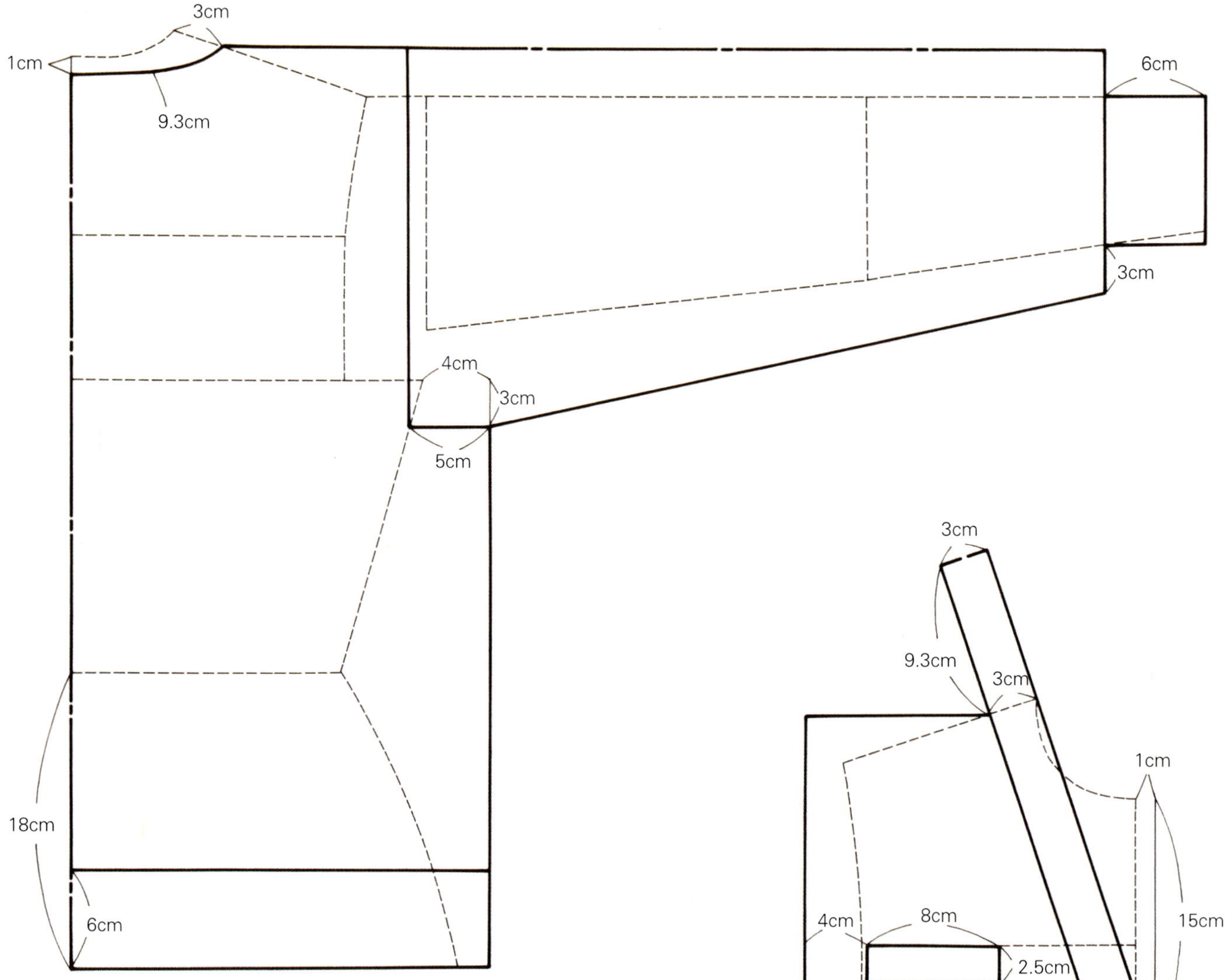

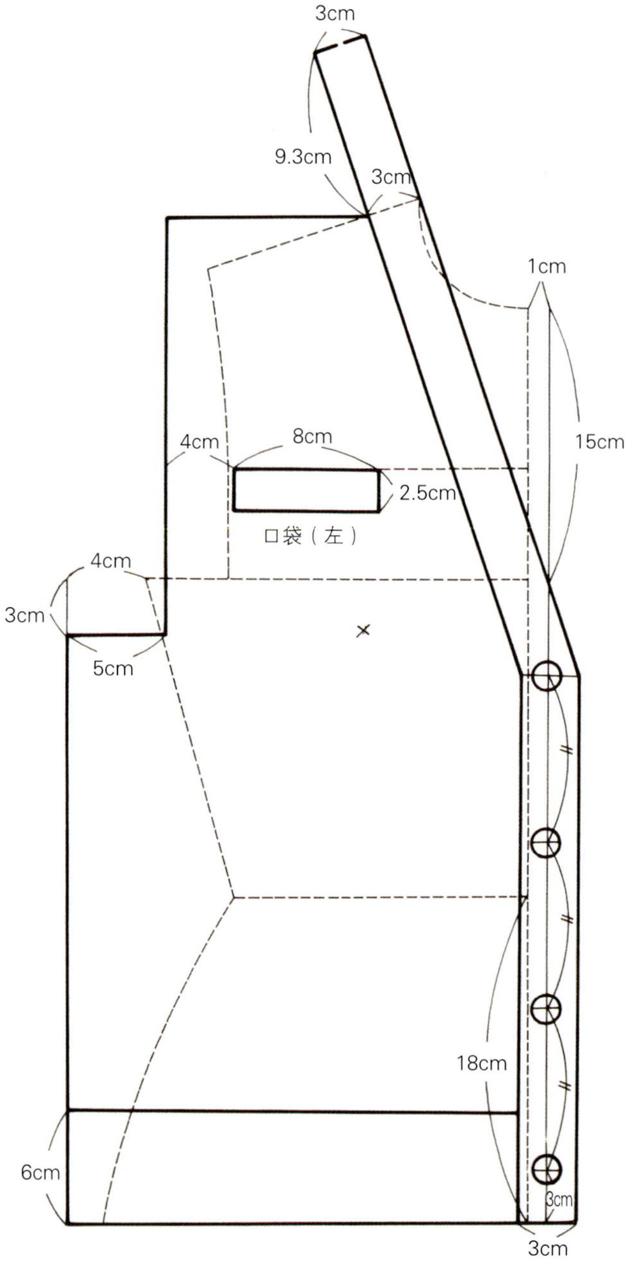

H. 方袖 V 领开衫

因为是由大花花样直线构成的花样，所以款式也是尝试着使用直线的形状。这是一款肩线水平、四方袖的V领开衫。棒针编织的麻花针也是另具感官风格，前襟、下摆、袖口等，还是想使用罗纹针编织。在这些部位加入配色线的话就会变成常春藤风格的作品。

I. 短夹克

这款作品突出上半身的丰满感，贴身设计腰围的轮廓。袖子款式也同身片，袖山肥大，袖口收紧。为了突出这种风格，也可以尝试将花样自身分散的方法。阿富汗编织的分散加减针法，在理论上和棒针编织相同，请做计算性的练习。

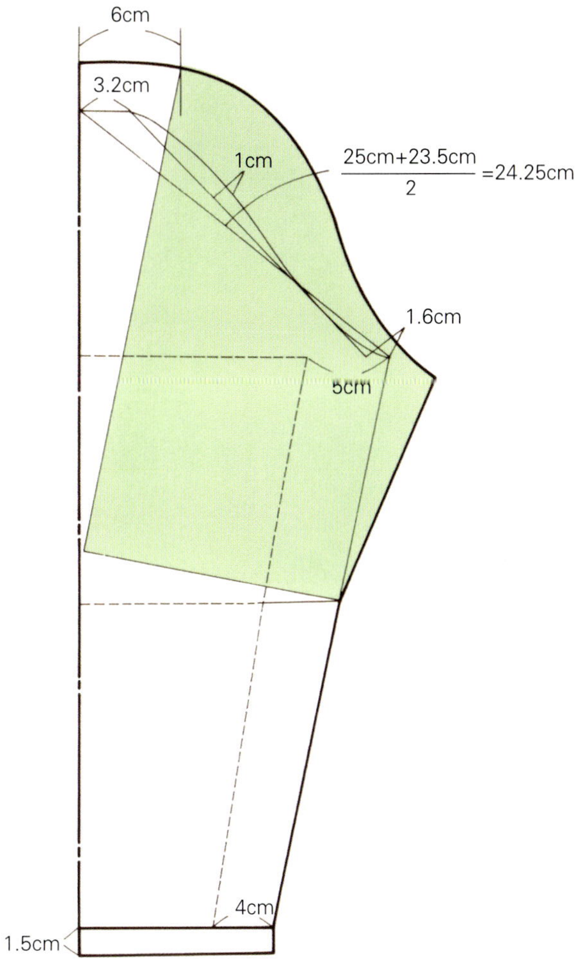

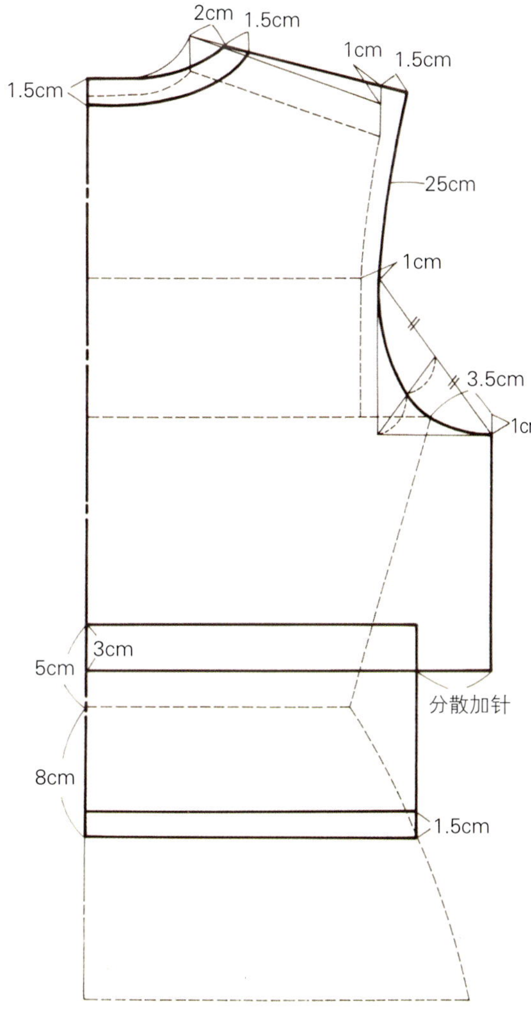

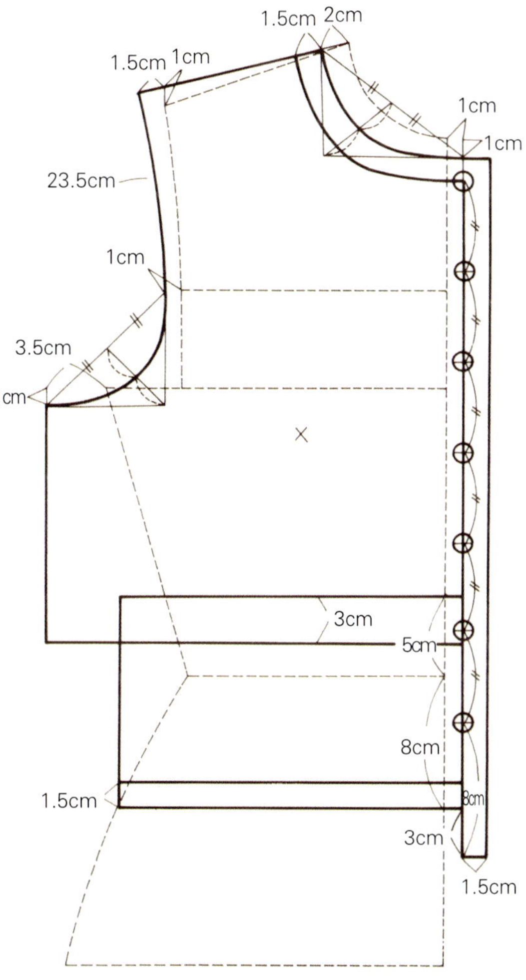

五、编织收尾的技法

阿富汗编织由前进编织和后退编织的线组合构成织片，针目状态复杂，因此缝合、接合是最难的。而且根据织片（花样）的不同，技法也随之改变，往往容易被敬而远之。请在了解每个针目的情况后正确地收尾。

A. 收针

1 下针的引拔收针

这是普通阿富汗编织（下针）的收针方法。和引拔针的编织方法相同，竖向1针1针地插入钩针引拔编织。

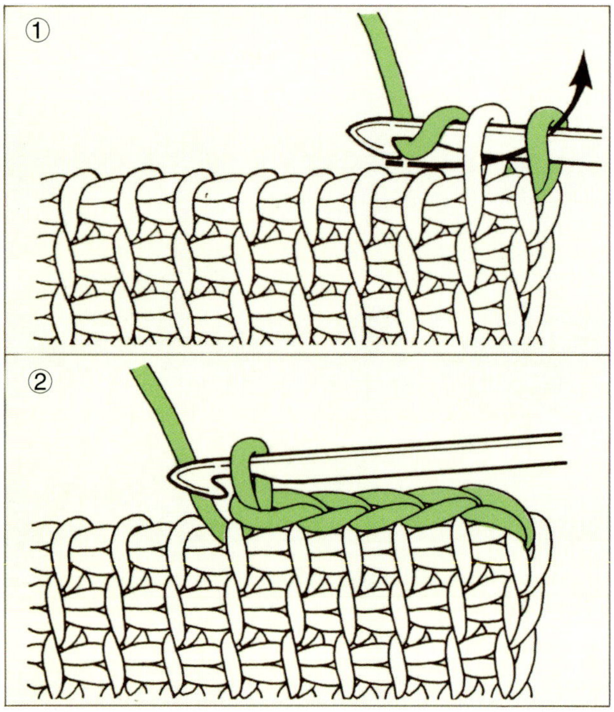

2 上针的引拔收针

这是阿富汗编织上针的收针方法。和上针编织方法相同，挂上线，1针1针地插入钩针引拔编织。

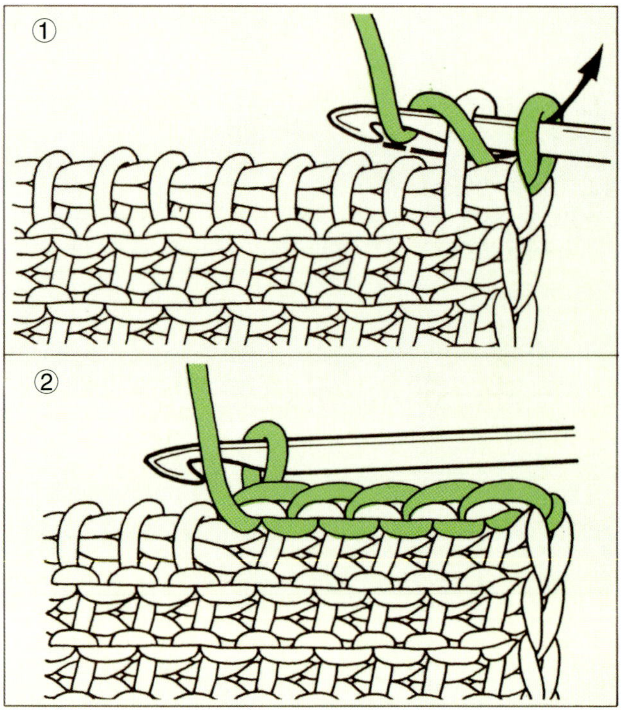

3 鹿纹阿富汗编织的收针

阿富汗编织时随着收针完成最后行的针目。上一行是下针时，编织上针的引拔针。上一行是上针时，相反地编织下针的引拔针，如此1针1针地交替重复编织。

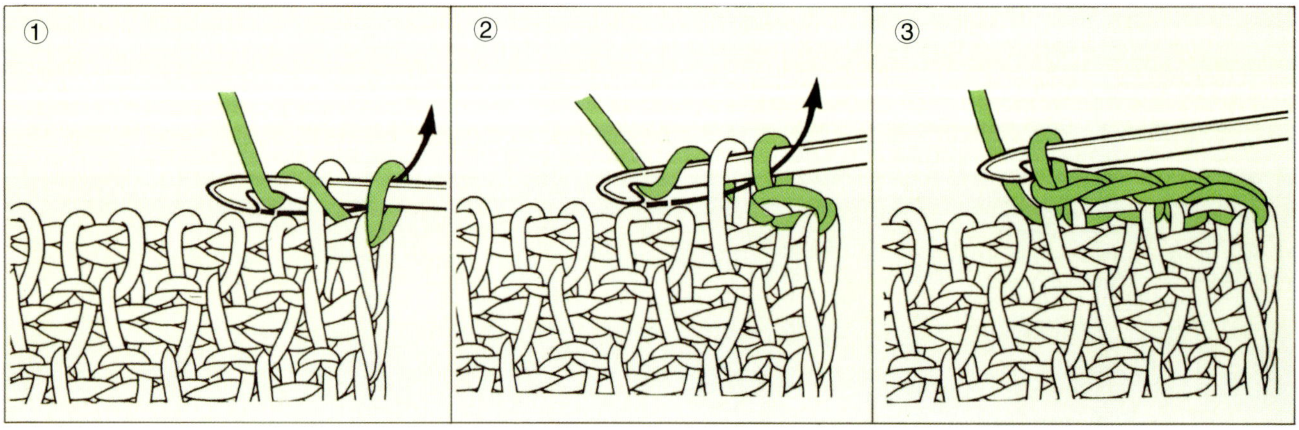

B. 缝合

1 普通阿富汗编织的缝合

对于需要缝合的作品，左端针目是挑起竖向的1根线编织。编织针目有些不安定，但是，缝合时利用端边针目，只挑起返回的针目。缝合织片的右端时，在链状针目的正中间插入针，挑起返回的2根线。缝合的线拉紧后自动隐藏起来。

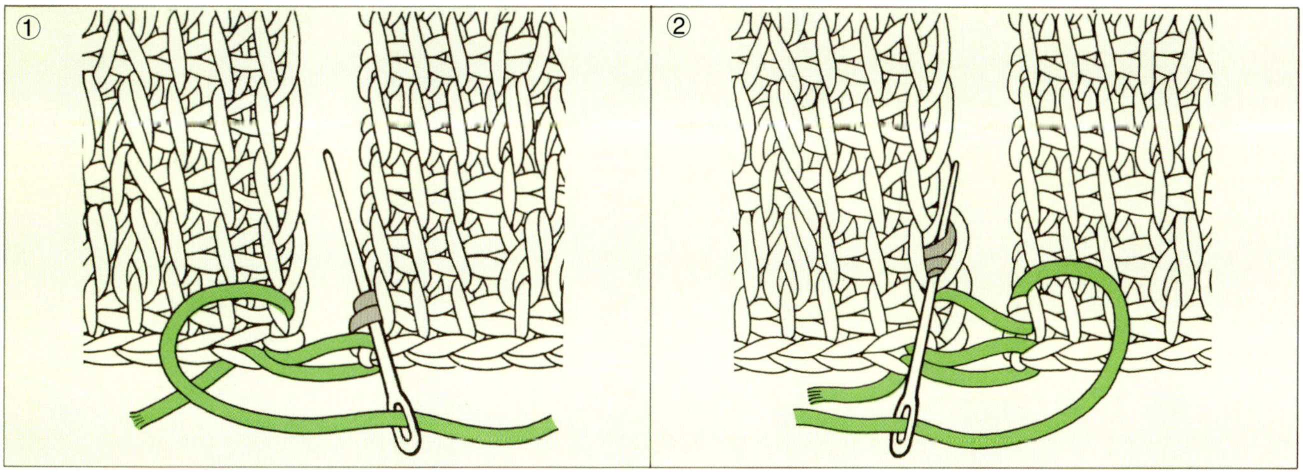

2 上针阿富汗编织的缝合

将正面放到内侧缝合。织片的右端是挑起端边针目内侧退针的锁针。织片的左端利用端边针目，从外侧挑起上针的里山和退针的锁针。

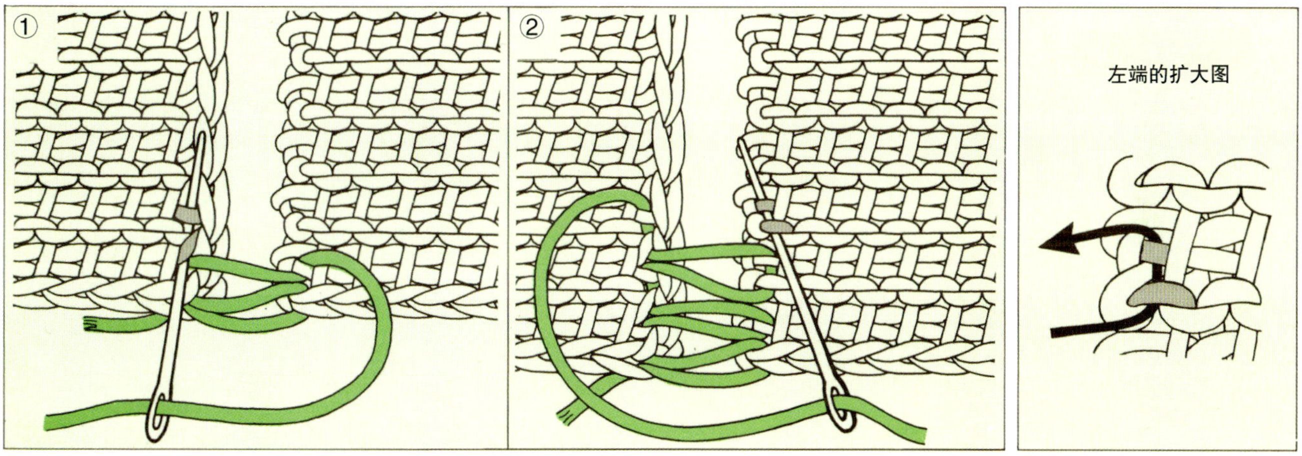

3 鹿纹阿富汗编织的缝合

织片右端的入针方法与前项相同，挑起端边针目内侧的退针2根线。织片的左侧是从端边针目的外侧挑起退针的2根线。

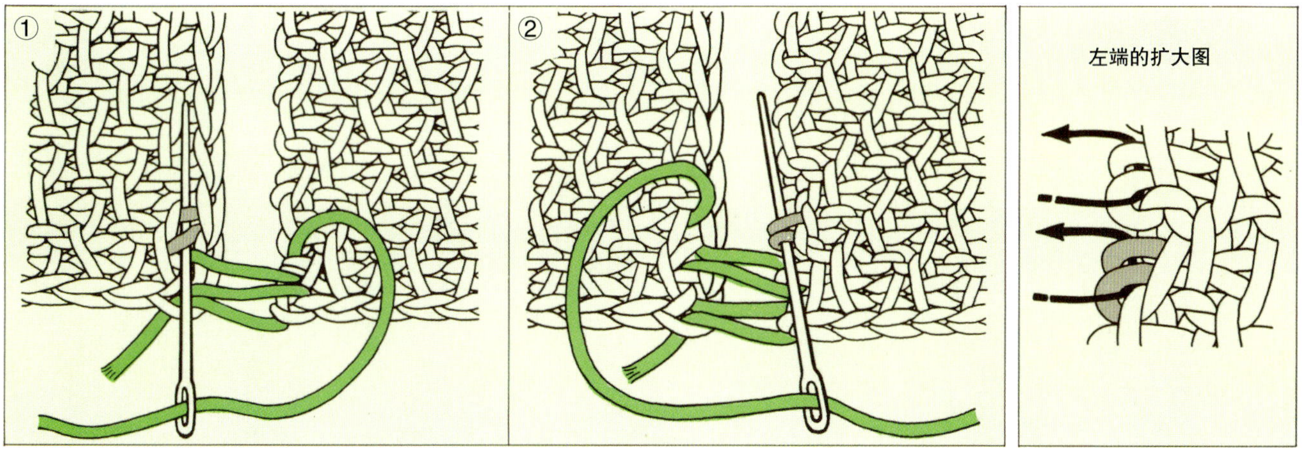

C. 接合

1 引拔接合

将两片织片正面相对，在最后行的针目中插入针引拔。1针1针地按顺序引拔，注意不要使针目歪斜。

①

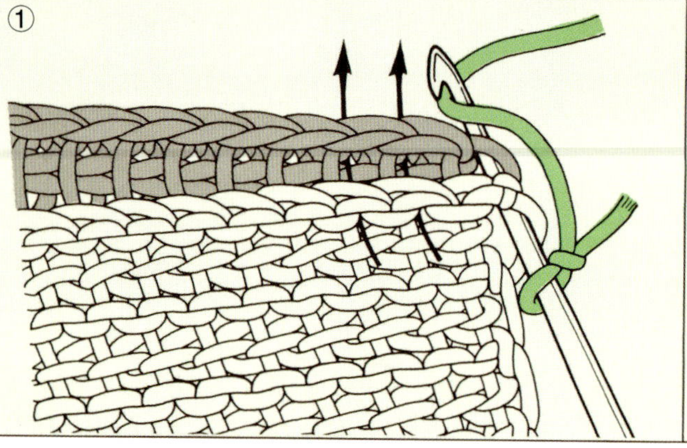

②

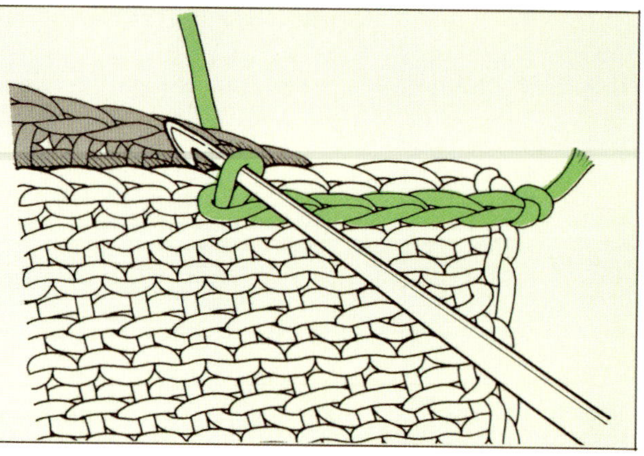

2 针目与针目的盖接

使用这种方法时，最后行的引拔针目不拉紧，将线圈预留待用。将两片织片正面相对，将针插入内侧竖针，引出针目（图①）。1针1针地按顺序引出，从左侧开始挂线，2针2针地引拔返回。这种技法有伸缩性，接合的针目不变形，可以漂亮地完成接合。

①

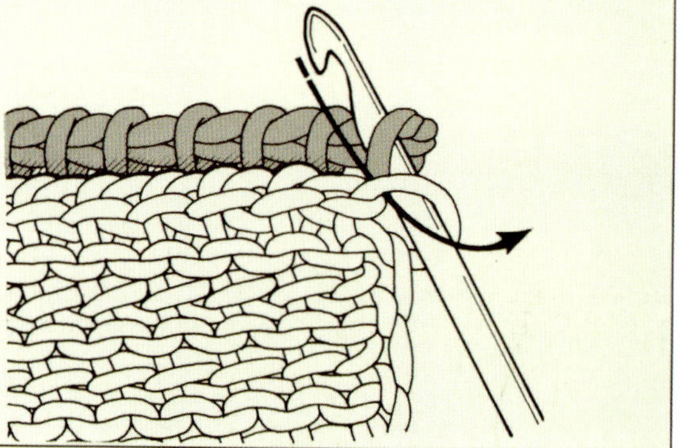

②

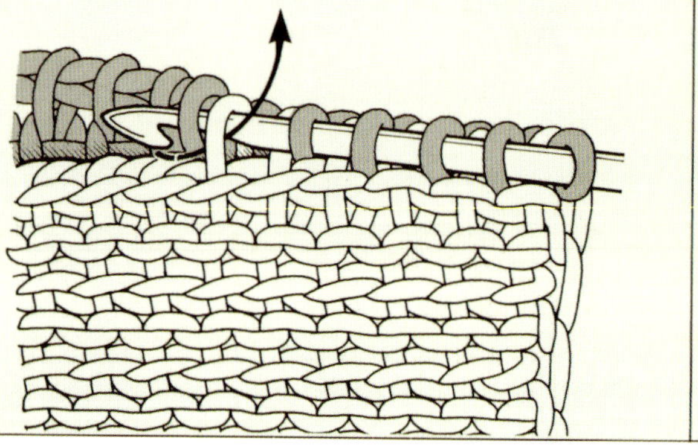

③

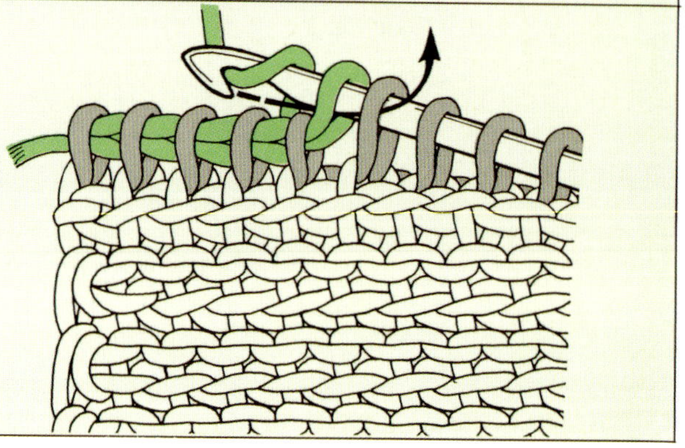

3 一边是引拔收针时的盖接

这是对两片织片一边是线圈，一边是引拔收针的整齐针目的接合。线圈的一边放在内侧，两片织片正面相对，将针插入内侧竖针，引出外侧的针目，挂上线，从左侧开始引拔返回。技法与前项相同。

① 内侧线圈的入针方法（注意折返处的挑起方法）

② 外侧引拔收针的入针方法

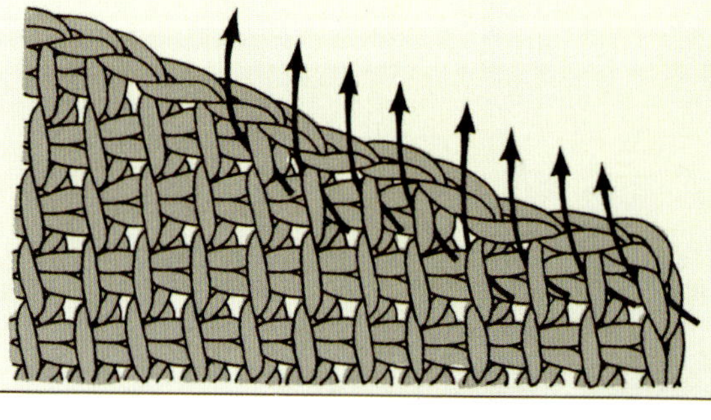

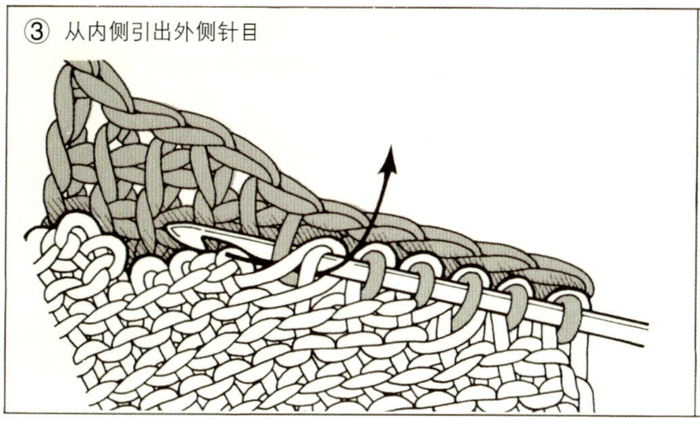

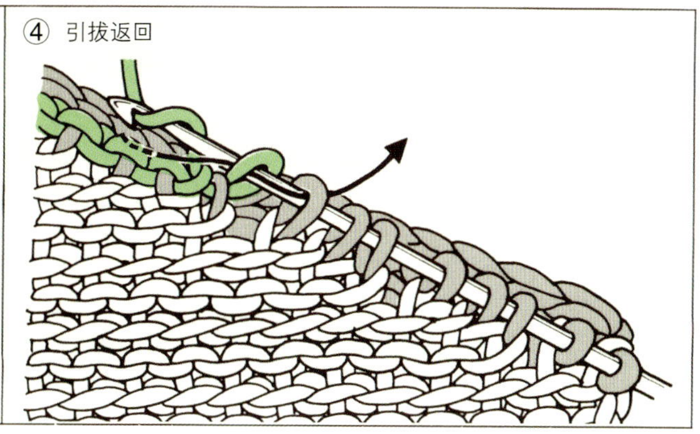

4 两侧针目状态相同时的鹿纹阿富汗编织的接合

这是两侧针目状态相同时的接合。因为是通过接合完成最后行的花样，所以仔细看好针目的状态后再插入针。用从内侧插入针从内侧拔出的要领，1针目2次1针目2次地插入针。接合的线拉紧后自动隐藏起来。

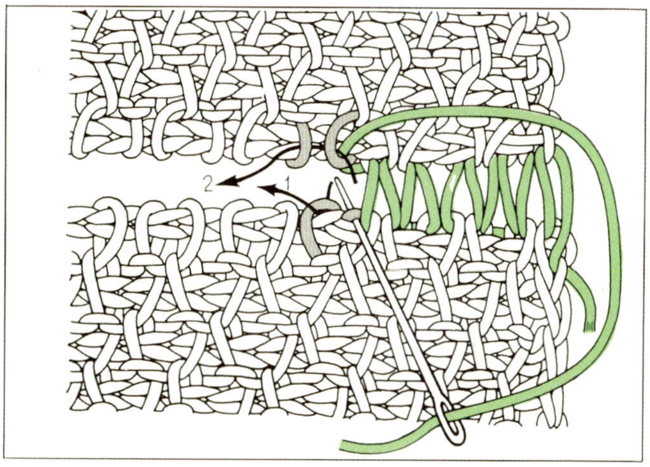

5 两侧引拔收针时的鹿纹阿富汗编织的接合

这是两侧同是2根线2根线地挑起引拔的锁针的接合。接合的线拉紧后自动隐藏起来。

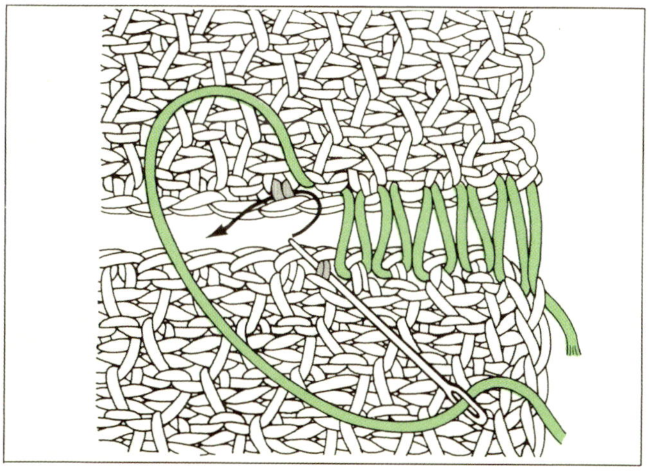

6 针目与行的接合

这是编织结尾侧的针目（引拔整齐）和行的接合。左图是针目（图的左侧）和织片左端的行（图的右侧）的接合方法。右图是织片右端的行（图的左侧）和针目（图的右侧）的接合方法。

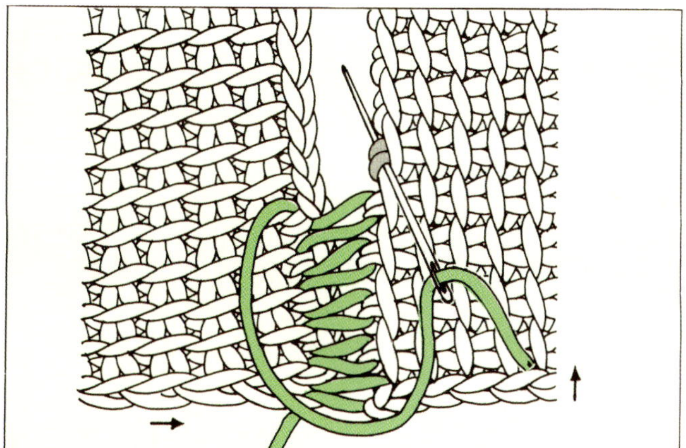

编织结尾的针目和织片左端的行的接合方法

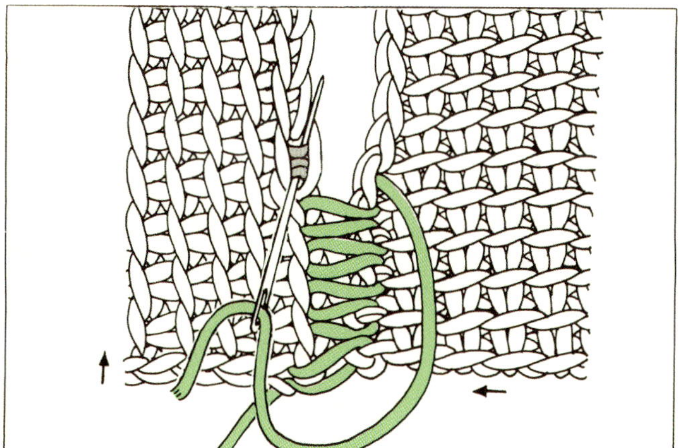

编织结尾的针目和织片右端的行的接合方法

D. 挑针的方法

1 从编织开始侧挑针

挑起起针锁针的八字形的2根线，进行边缘编织。

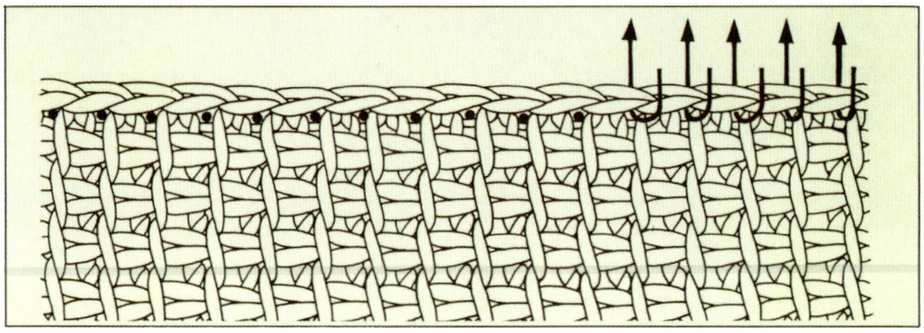

2 从编织结尾侧挑针

最后行必须引拔编织整齐针目，挑起引拔的锁针的2根线，进行边缘编织。

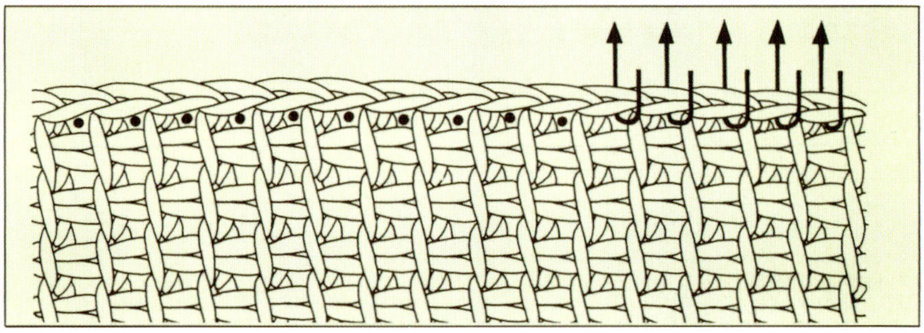

3 从弧开始挑针

身片和边缘的密度不同时，由挑起1针变成挑起2针。图中的绿色箭头表示富余挑起时的挑针方法。

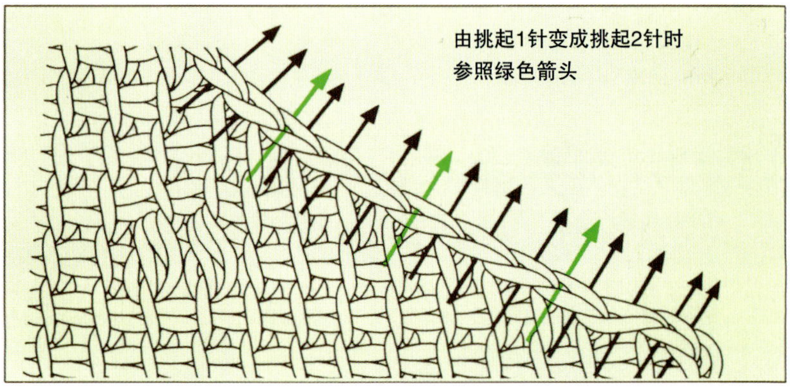

扣眼　竖向扣眼

竖孔扣眼左右分别编织。因为是编织分孔，所以先要了解左端的编织方法。
①竖孔的右侧首先编织。左端是挑起上一行的竖针和退针锁针共2根线编织。
②编织到需要的前进的行，断线。挂上另外一根线编织竖孔的左侧。
③在后退的行继续编织左右两侧。

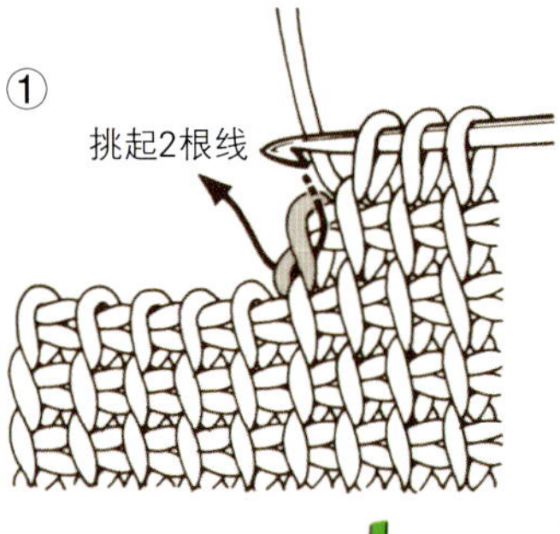

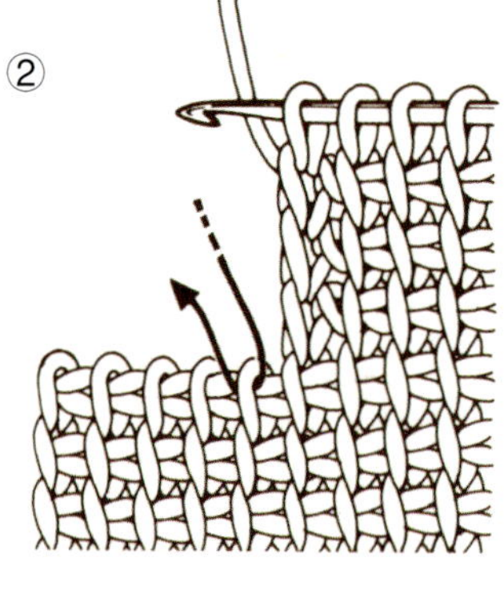

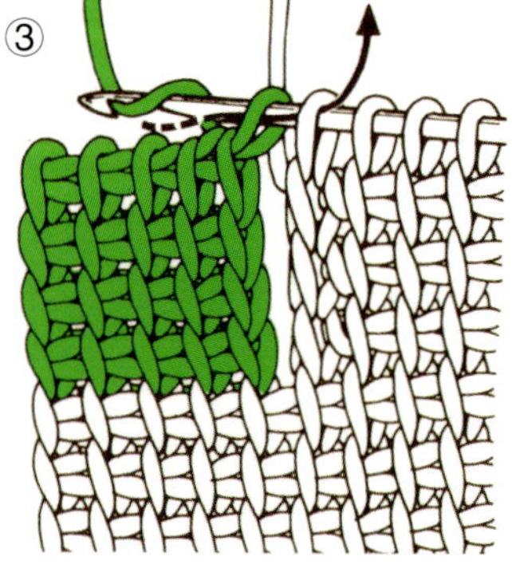

4 从行的左端挑针

不要去掉左端的针目，从外侧挑起退针的线圈的下方。考虑到绿色箭头的密度，从1行挑起2针时，从退针的线圈的下方和上方挑针（图中绿色箭头所示）。用这种方法挑针时，不需要留出用于连接的针目。

从1行挑起1针时

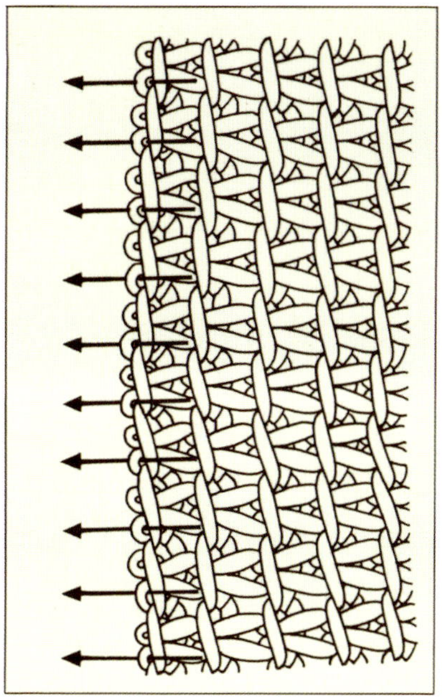

从1行挑起2针时

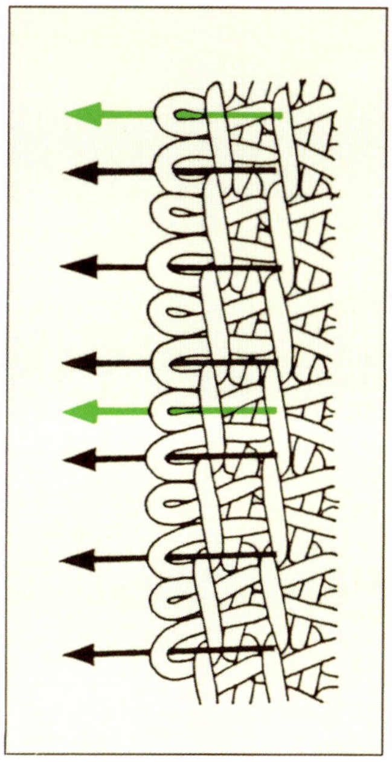

5 从行的右端挑针

右端的针目呈链状，从正中间插入针，挑起退针的针目和端边针目的外侧共2根线。考虑到绿色箭头的密度，从1行挑起2针时，只挑起端边针目的外侧的线（图中绿色箭头所示）。与左端的行挑针相同，右端的挑针方法也不需要留出用于连接的针目。

从1行挑起1针时

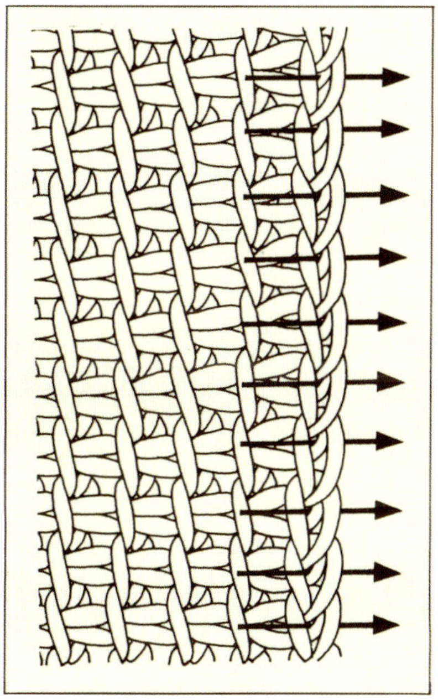

从1行挑起2针时

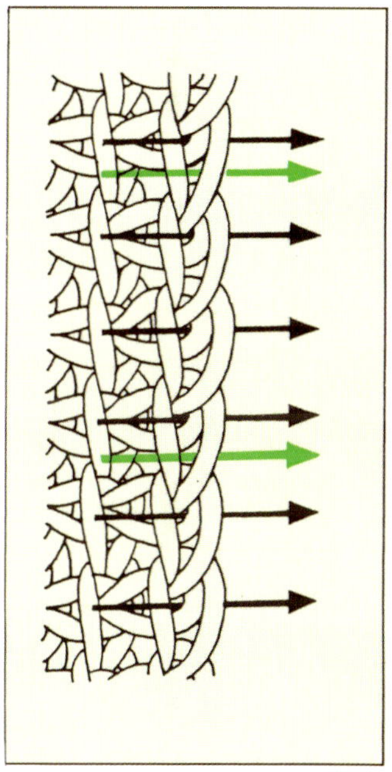

6 上针阿富汗编织的挑针

从行的左侧挑针时

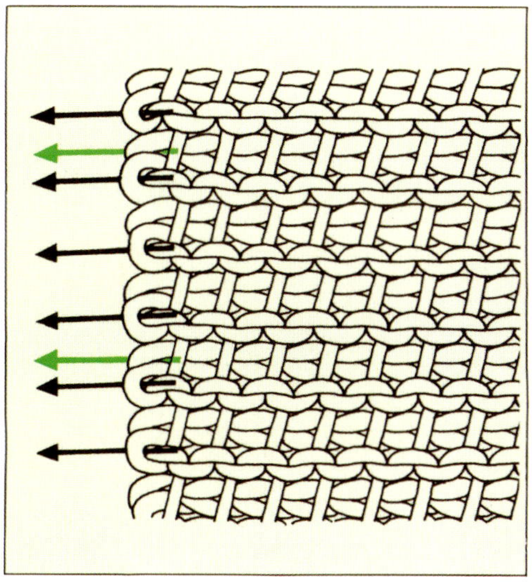

从行的右侧挑针时

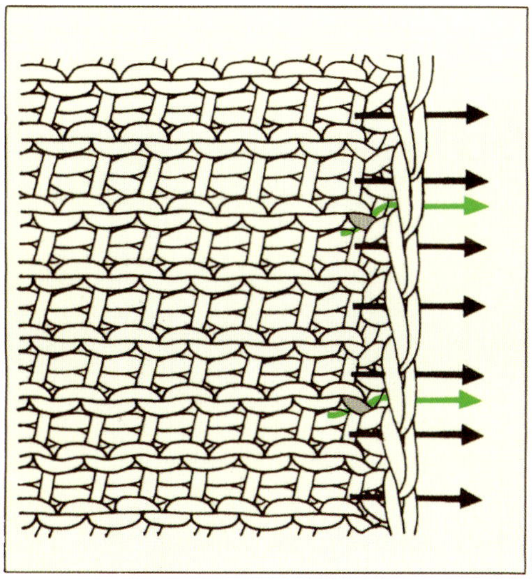

从1行挑起2针时

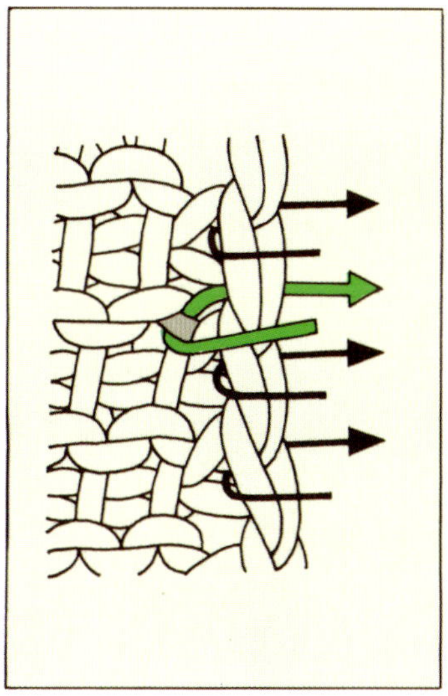

六、100种花样编织

A. 配色花样

阿富汗编织的针目的构成是“前进”和“后退”的1个来回为1行。每行的配色在往返时换色呈现出针织的纹理，这也是只有阿富汗编织特有的魅力。

1

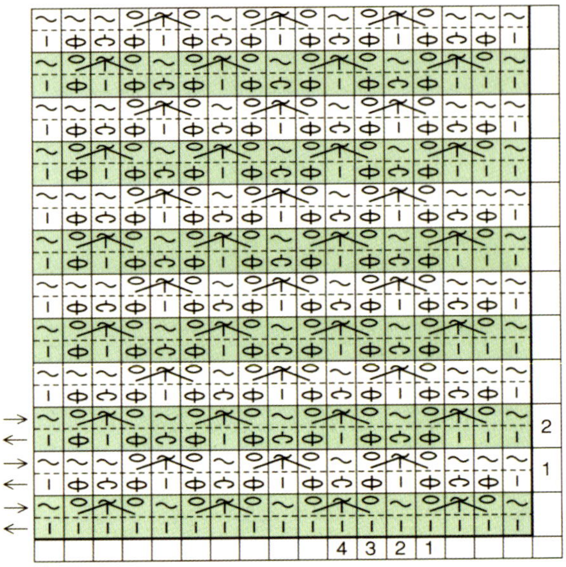

I = P7-2　～ = P7-3　Φ、ↄ = P11-23

= 编织锁针1针、退针3针并1针、锁针1针

= A色

= B色

※配色线的更换方法…P65-a

2

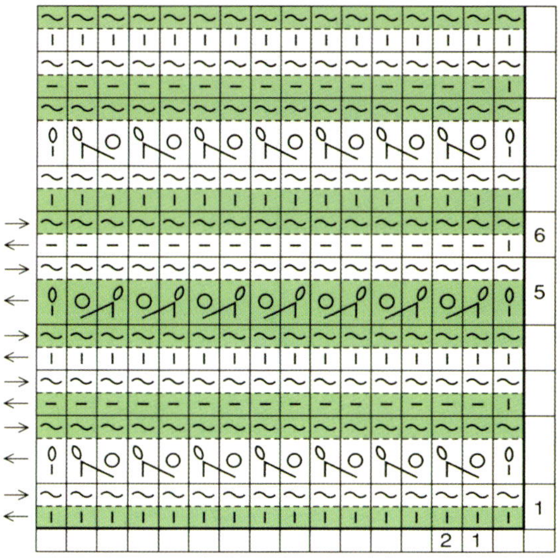

| = P7-2　～ = P7-3　－ = P7-4

= P10-15

=编织挂针、2针并1针、锁针1针

=编织2针并1针、锁针1针、挂针

=A色

=B色

※配色线的更换方法…P65-b

3

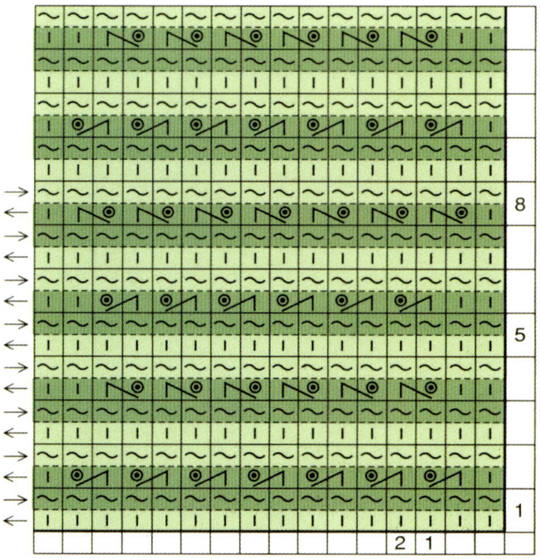

| = P7-2　～ = P7-3

= 编织2针并1针、内侧挂针

= 编织内侧挂针、2针并1针

= A色

= B色

※配色线的更换方法…P65-b

4

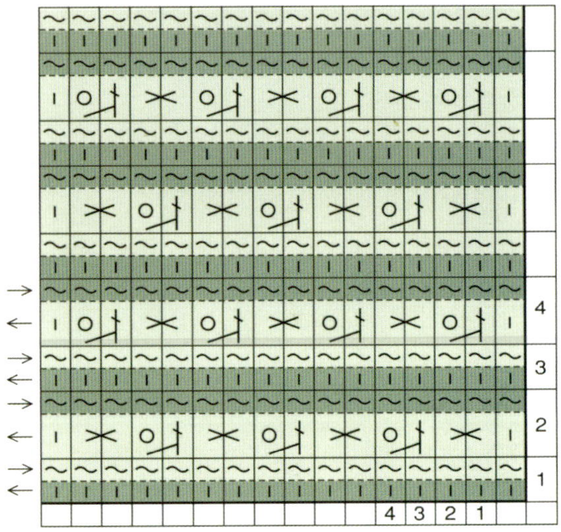

[I] ＝P7-2　[~] ＝P7-3　[✕] ＝P9-13

[chart symbol] ＝编织长针2针并1针、挂针

[colour swatch] ＝A色

[colour swatch] ＝B色

※配色线的更换方法…P65-b

5

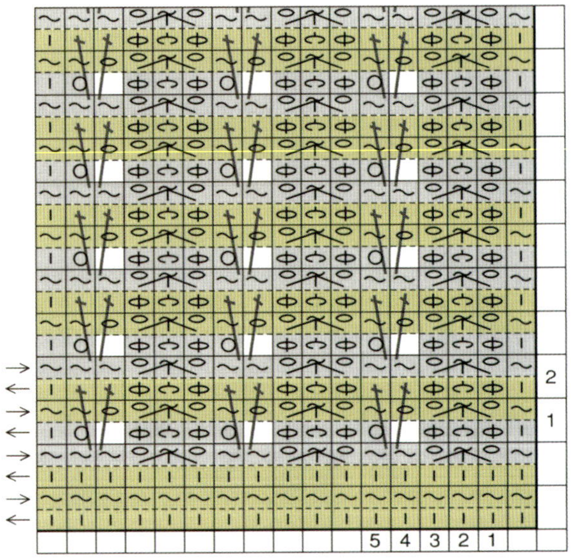

[I] ＝P7-2　[~] ＝P7-3　[chart symbols]、[chart symbols] ＝P11-23

[O] ＝P8-6　[chart symbol] ＝编织锁针1针、退针3针并1针、锁针1针

[chart symbol] ＝将2行下面的竖针和竖针之间整段挑起编织长针

[empty box] ＝无针目部分

[colour swatch] ＝A色

[colour swatch] ＝B色　※配色线的更换方法…P65-b

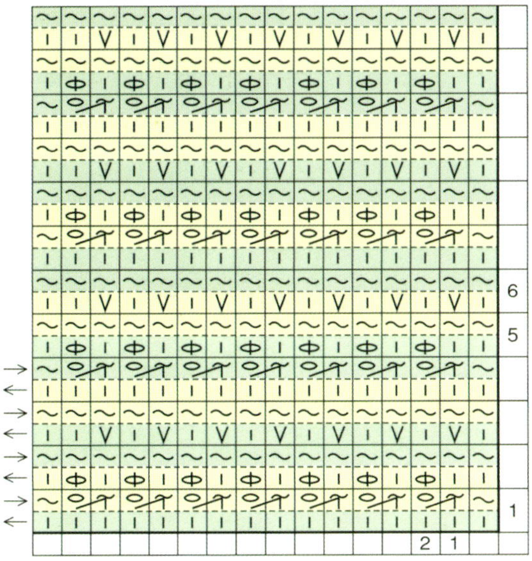

| =P7-2 ~ =P7-3
V =P9-12 ⌽ =P11-23

=编织锁针1针、退针2针并1针

=A色

=B色

※配色线的更换方法…P65-b

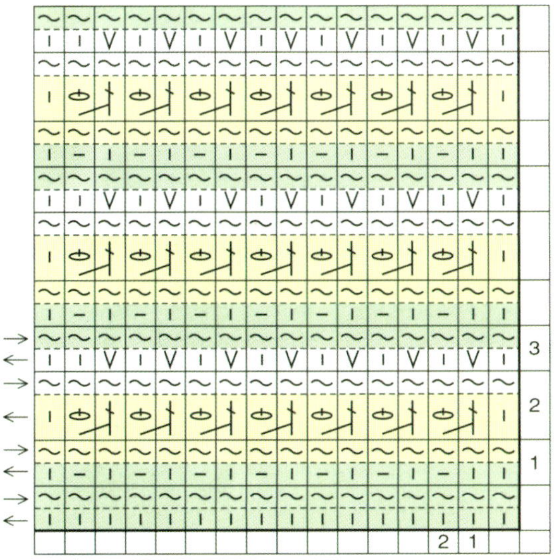

| =P7-2 ~ =P7-3 - =P7-4

V =P9-12

=编织长针2针并1针，用下针挑起退针的锁针的半针

=A色

=B色

=C色

※配色线的更换方法…P65-b

8

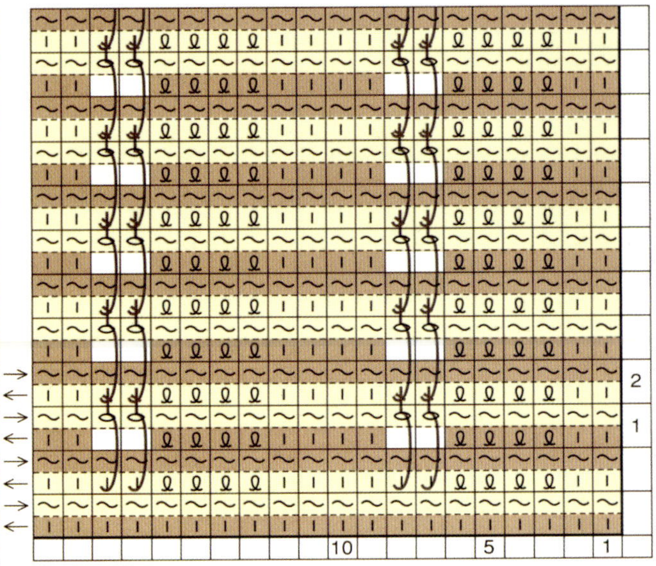

I = P7-2　～ = P7-3　ℓ = P8-8

(弯线符号) = P10-16　□ = 无针目部分

[A色] = A色

[B色] = B色

※配色线的更换方法…P65-b

9

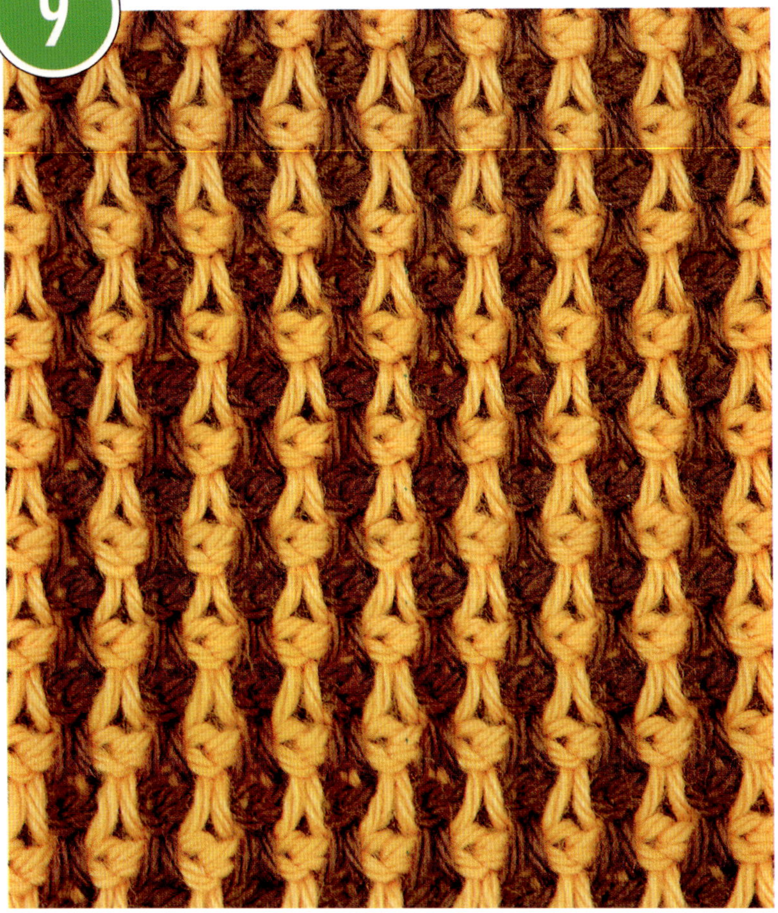

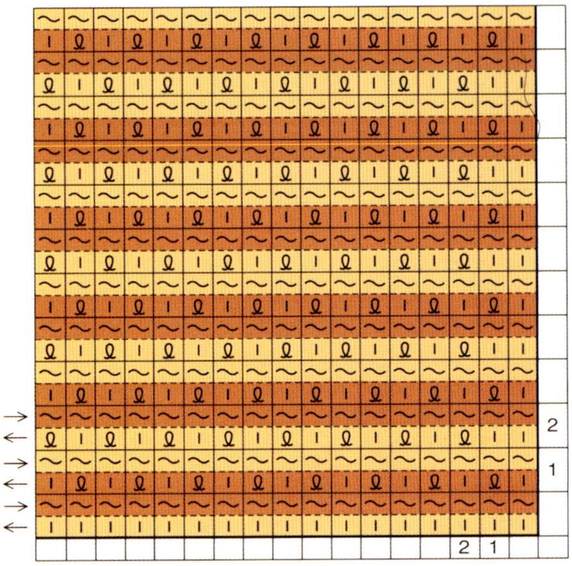

I = P7-2　～ = P7-3　ℓ = P8-8

[A色] = A色

[B色] = B色

※配色线的更换方法…P65-b

10

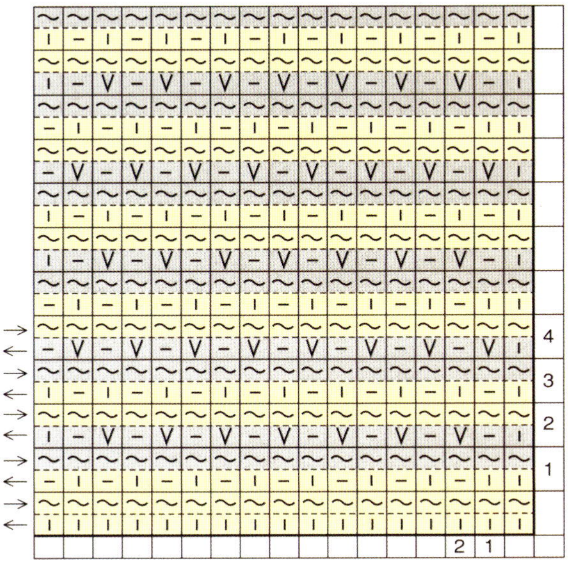

[I] ＝P7-2　[～] ＝P7-3　[－] ＝P7-4

[V] ＝P9-12

＝A色

＝B色

※配色线的更换方法…P65-b

11

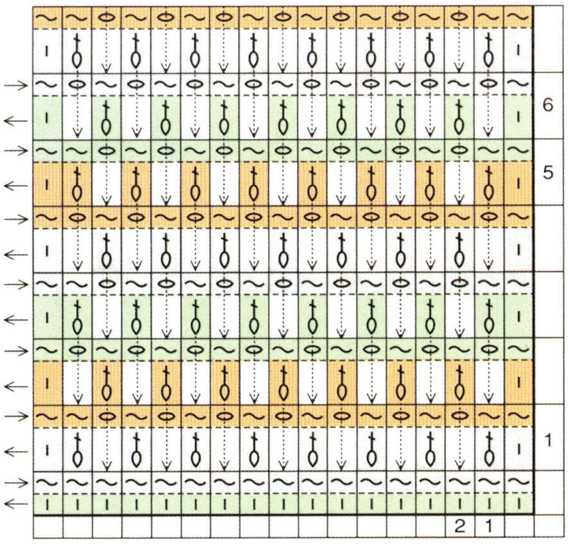

[I] ＝P7-2　[～] ＝P7-3　[O] ＝P7-1

＝用平针要领将针插入2行下面的长针编织长针

[†] ＝P8-9　[ ] ＝无针目部分

＝A色　＝B色

＝C色

※配色线的更换方法…P65-b

12

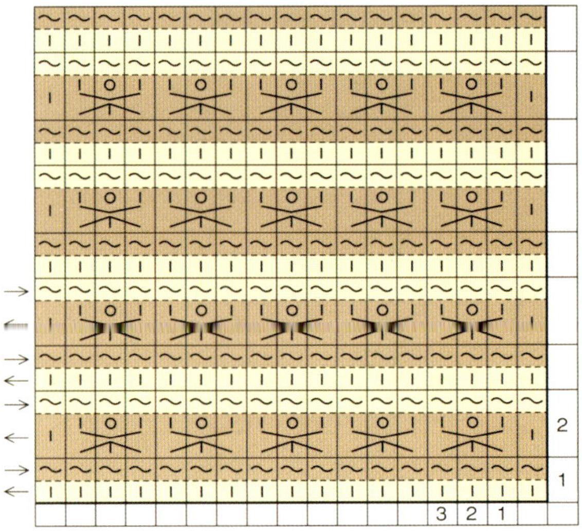

[I] = P7-2　[~] = P7-3

（符号图）= 将上一行3针竖针一起挑起编织下针、挂针、下针

（浅色）= A色

（深色）= B色

※配色线的更换方法…P65-b

13

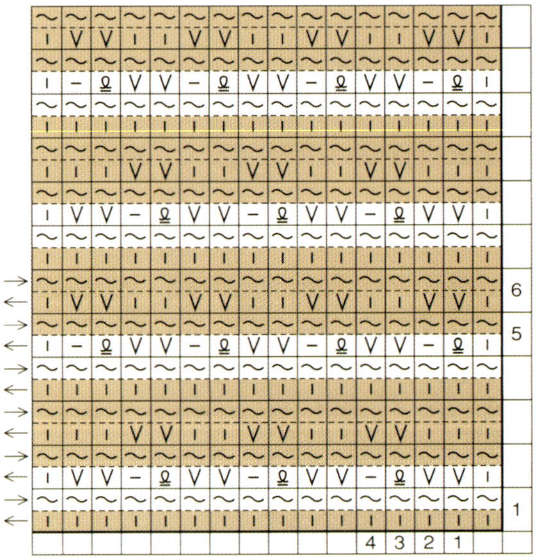

[I] = P7-2　[~] = P7-3　[-] = P7-4

[V] = P9-12　[Q] = P8-8

（深色）= A色

（白色）= B色

※配色线的更换方法…P65-b

14

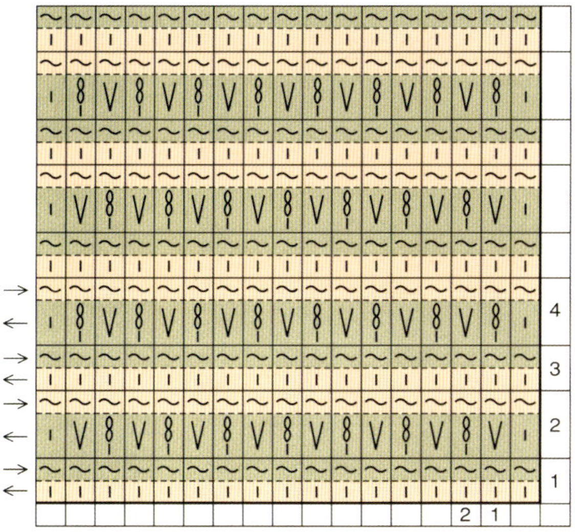

| ＝P7-2　　~ ＝P7-3

V ＝P9-12　　8 ＝P10-15

＝A色

＝B色

※配色线的更换方法…P65-b

15

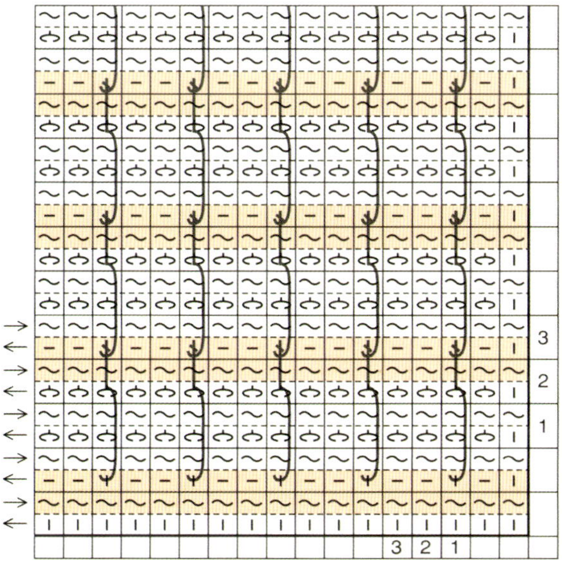

| ＝P7-2　　~ ＝P7-3　　- ＝P7-4

＝P11-23

＝P10-16

＝A色

＝B色

※配色线的更换方法…P65-b

16

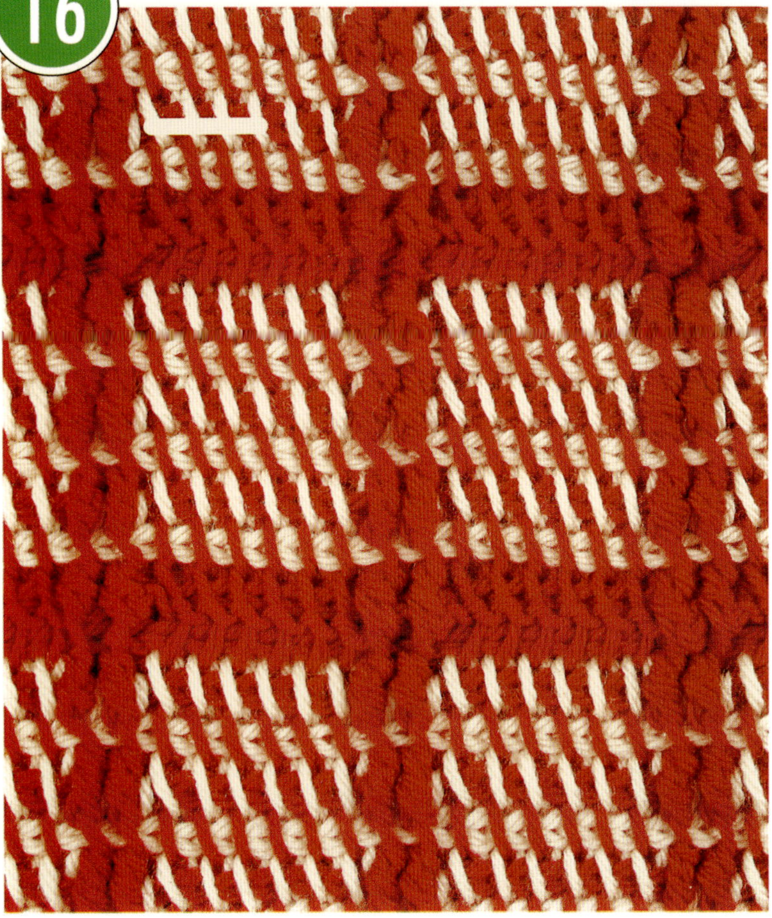

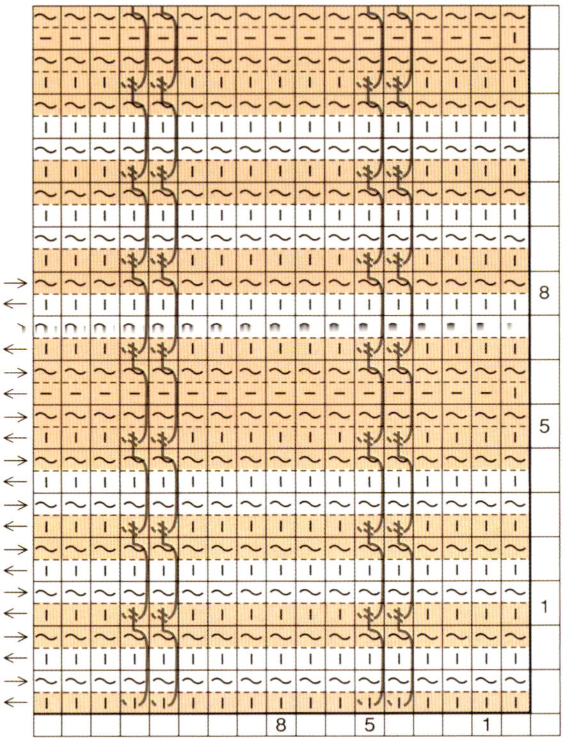

□(Ⅰ) ＝P7−2　□(～) ＝P7−3　□(－) ＝P7−4

(symbol) ＝P10−16

□(shaded) ＝A色

□ ＝B色

※配色线的更换方法···P65−b

17

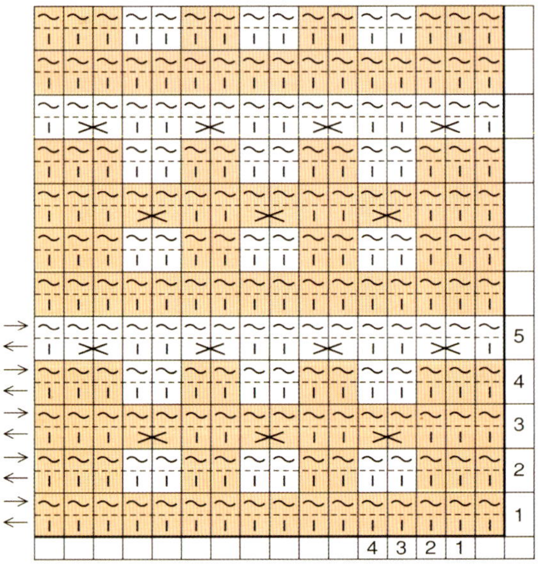

□(Ⅰ) ＝P7−2　□(～) ＝P7−3

□(✕) ＝P9−13

※织入花样···P11−25

□(shaded) ＝A色

□ ＝B色

※配色线的更换方法···P65−b

18

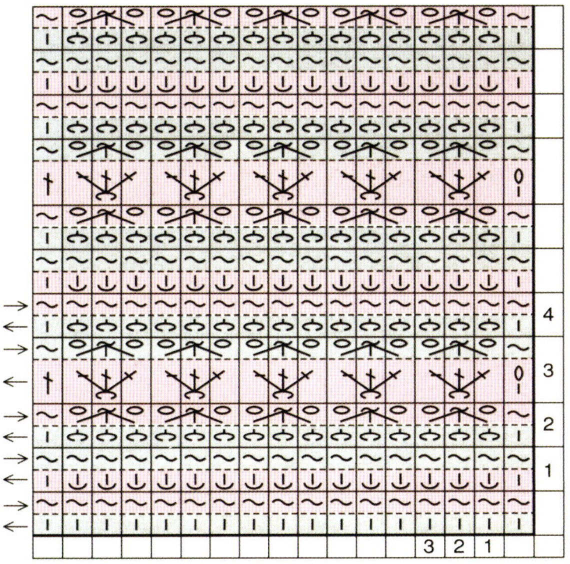

=P7-2　=P7-3　=P11-24

=P11-23　=P10-15

=编织锁针1针、退针3针并1针、锁针1针

=挑起上一行的退针的里山编织长针3针

=A色

=B色　※配色线的更换方法…P65-b

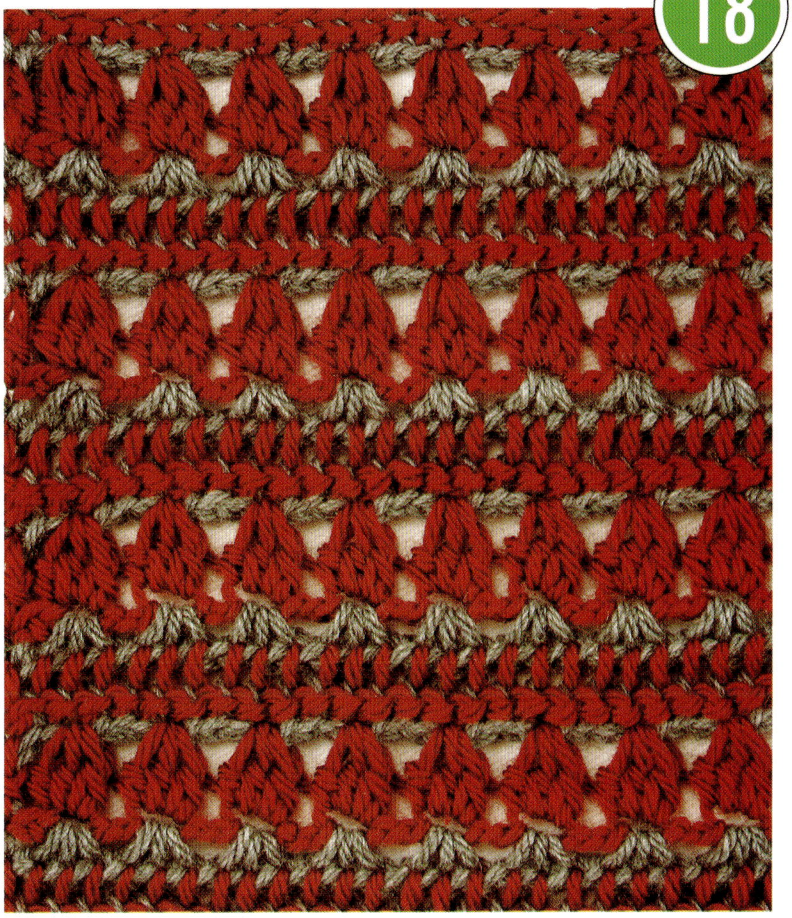

19

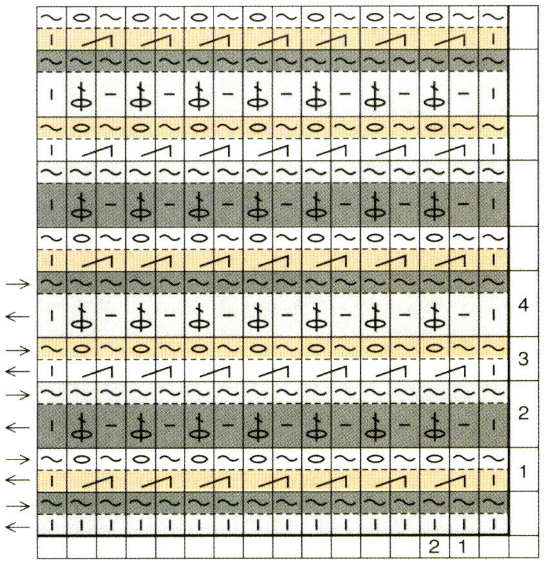

=P7-2　=P7-3　=P7-1

=P10-18　=P7-4

=整段挑起上一行的退针的锁针编织长针

=A色　=C色

=B色　=D色

※配色线的更换方法…P65-a、b

20

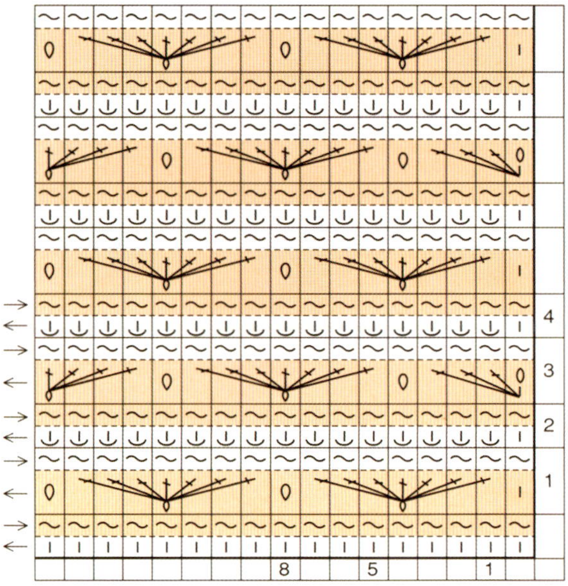

=P7-2　=P7-3　=P11-24

=P8-5　=P10-15

=用平针要领插入针编织1针放7针长针

=A色

=B色

※配色线的更换方法…P65-b

21

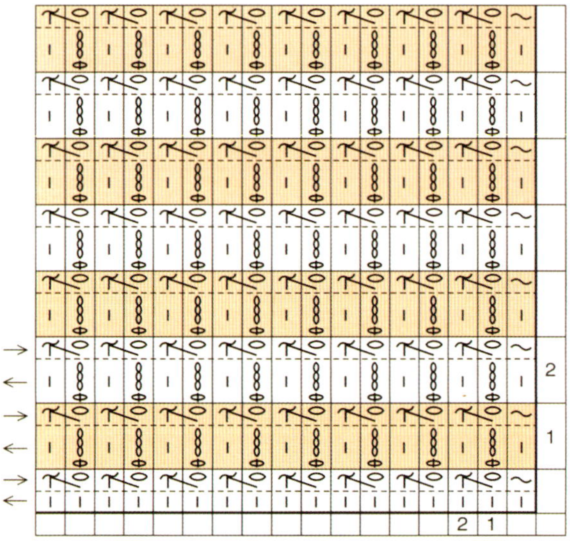

=P7-2　=P7-3

=编织退针2针并1针、锁针1针

=整段挑起退针的锁针编织锁针3针

=A色

=B色

※配色线的更换方法…P65-a

22

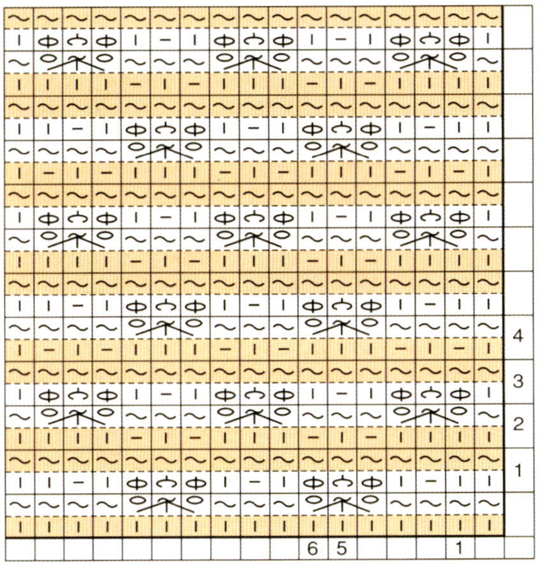

| =P7-2 　　~=P7-3 　　Φ、ᑕ=P11-23

- =P7-4

=编织锁针1针、退针3针并1针、锁针1针

=A色

=B色

※配色线的更换方法…P65-b

23

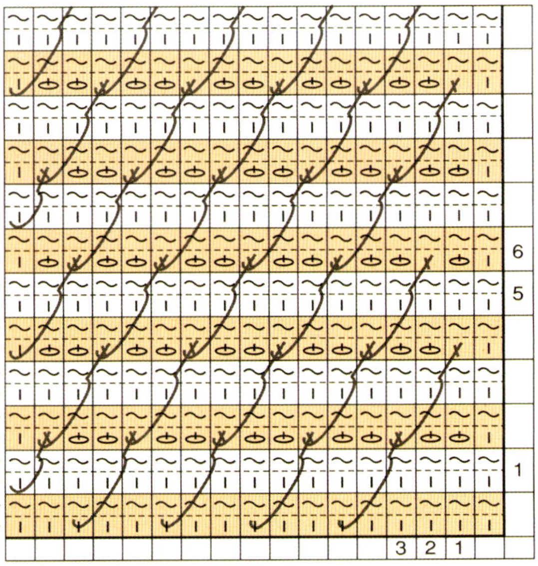

| =P7-2 　　~=P7-3 　　Φ=P11-23

=P10-16

=A色

=B色

※配色线的更换方法…P65-a

24

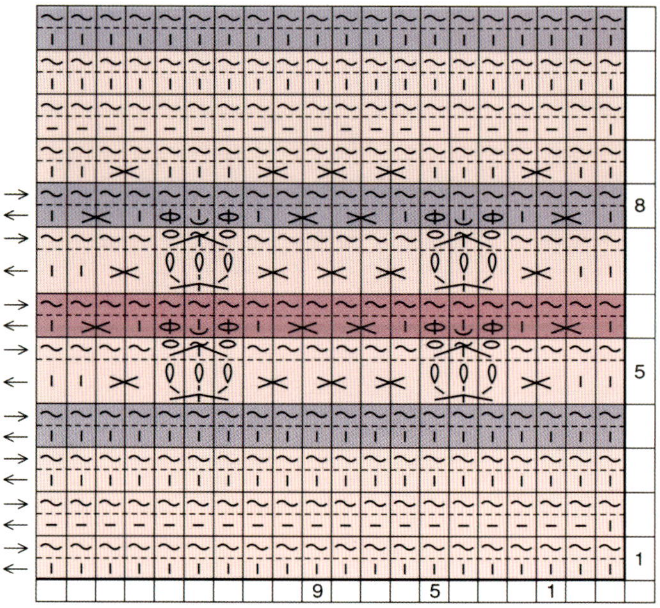

I =P7-2　～ =P7-3　− =P7-4

✕ =P9-13　=P11-24　=P11-23

=将上一行的3针竖针一起挑起编织锁针花3针

=编织锁针1针、退针3针并1针、锁针1针

=A色　=B色　=C色

※配色线的更换方法…P65-a

25

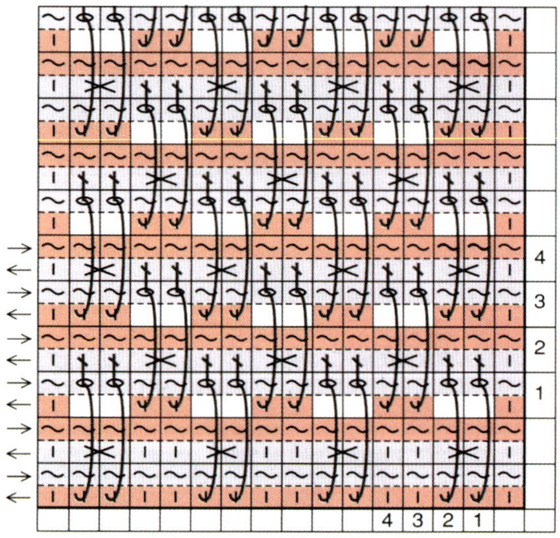

I =P7-2　～ =P7-3　✕ =P9-13

○ =P7-1　□ =无针目部分

† =P8-9

=P10-16

※编织第1针长针的正拉针时，将钩针穿过交叉针，挑起下面的针目

=A色

=B色

※配色线的更换方法…P65-b

26

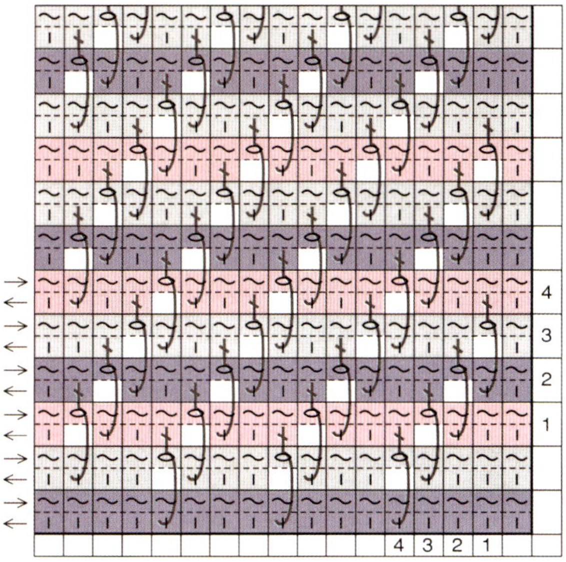

▯ ＝P7-2　～ ＝P7-3

⊖ ＝P7-1　□ ＝无针目部分

＝P10-16

＝A色

＝B色

＝C色

※符号是4行1个花样，配色是重复3行1个花样

※配色线的更换方法…P65-a

27

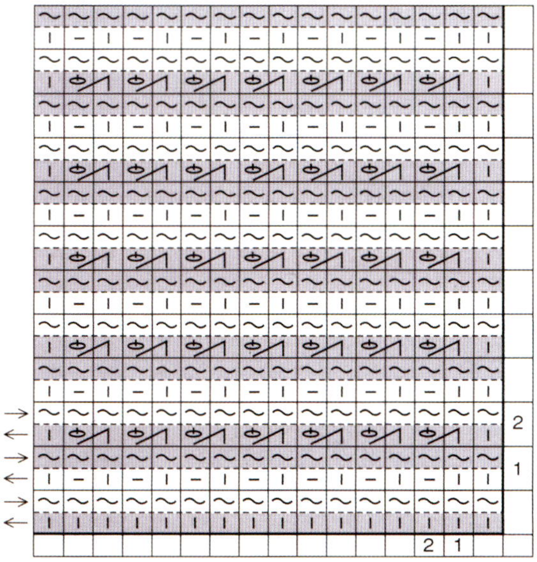

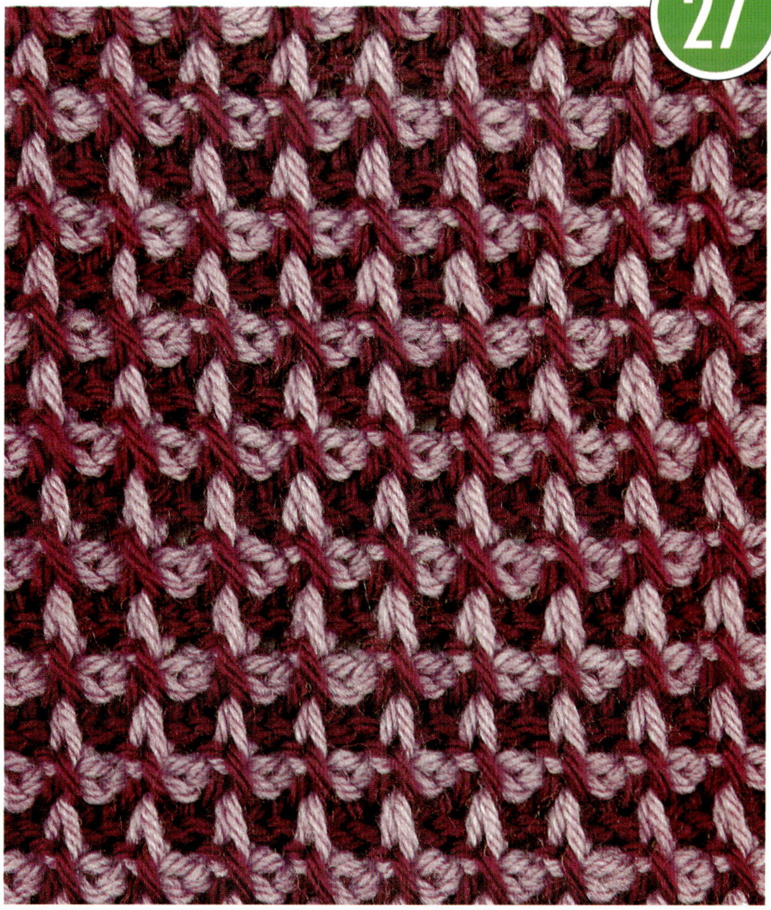

▯ ＝P7-2　～ ＝P7-3　－ ＝P7-4

＝编织2针并1针，用下针挑起退针的锁针的半针

＝A色

＝B色

※配色线的更换方法…P65-b

28

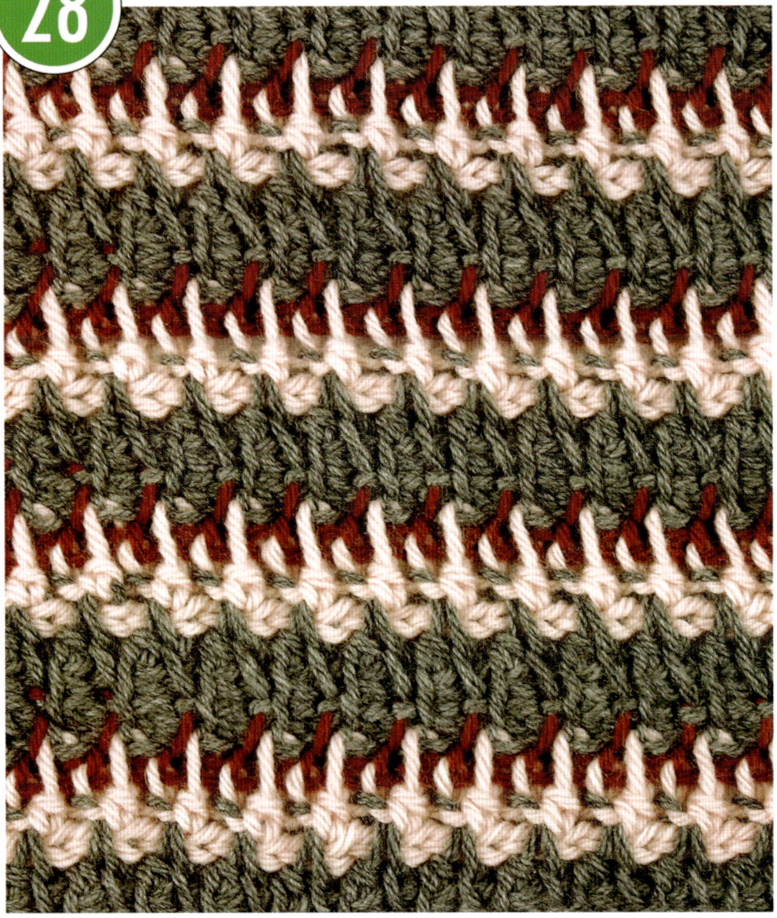

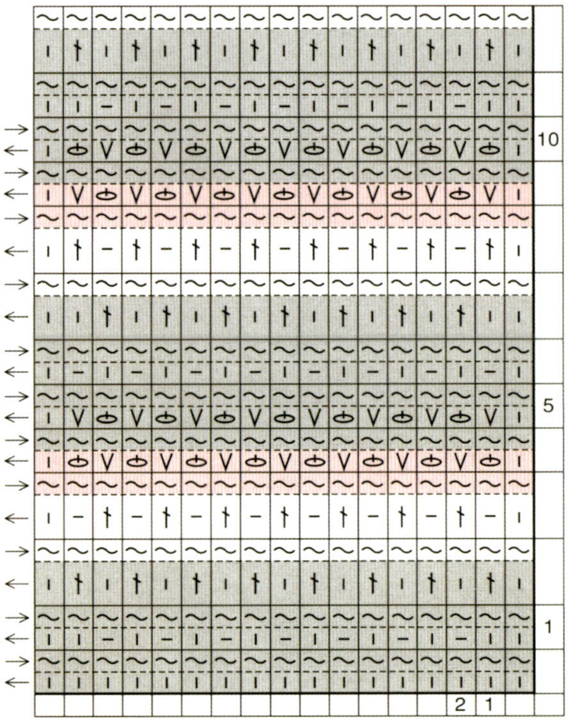

[I] = P7-2　[~] = P7-3　[-] = P7-4

[⊖] = P11-23　[V] = P9-12　[†] = P8-9

[灰] = A色　[白] = B色　[粉] = C色

※配色线的更换方法…P65-b

29

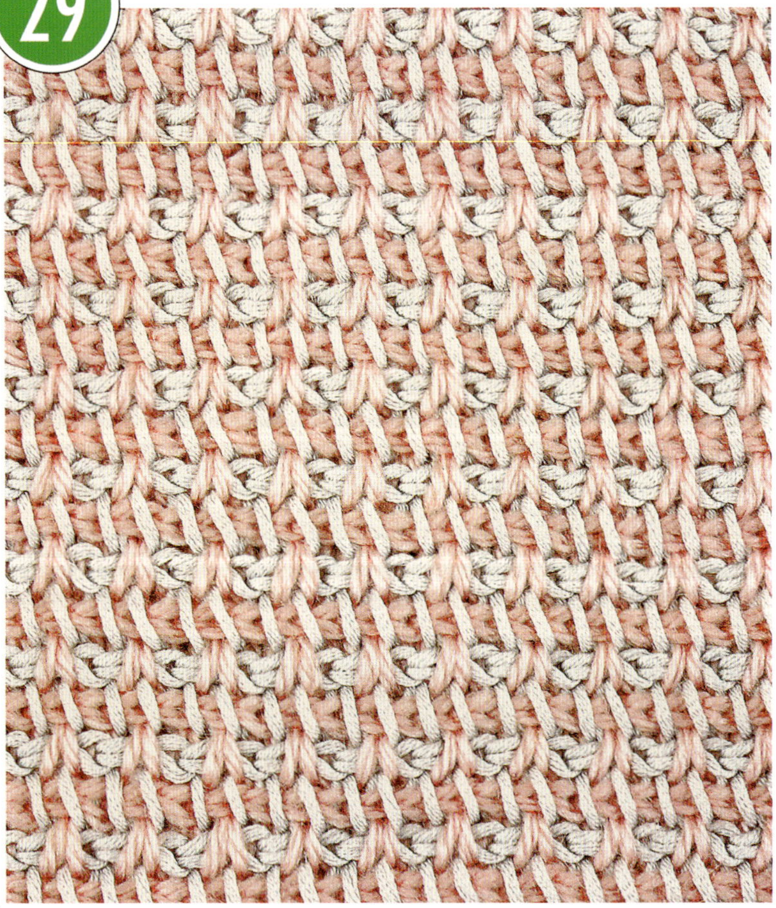

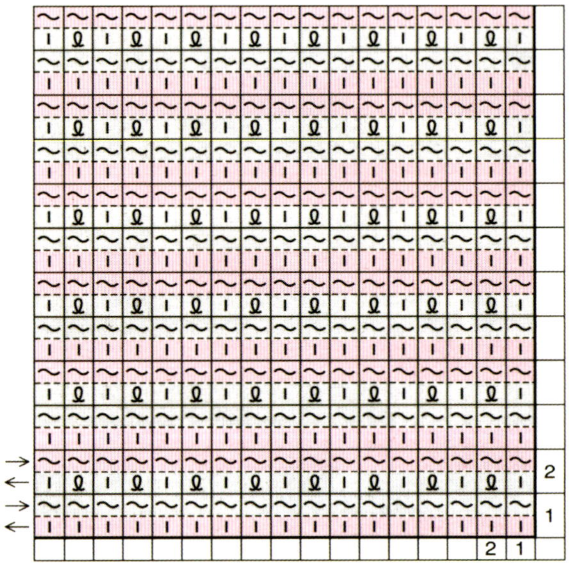

[I] = P7-2　[~] = P7-3　[ℓ] = P8-8

[粉] = A色

[白] = B色

※配色线的更换方法…P65-b

30

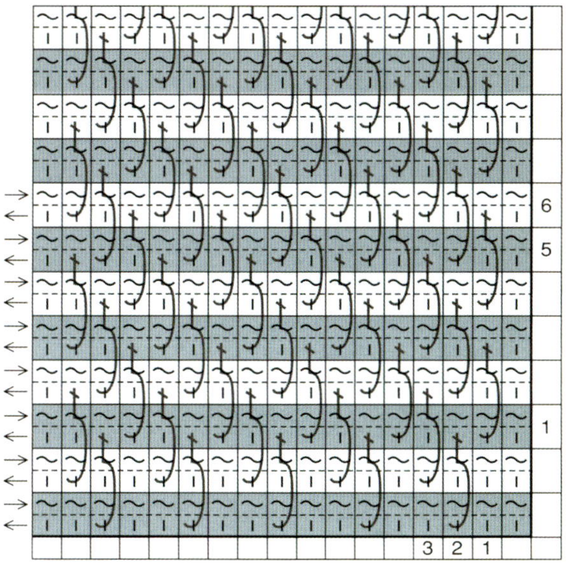

[I] =P7-2　[~] =P7-3

[symbol] =P10-16

[grey box] =A色

[white box] =B色

※配色线的更换方法…P65-a

31

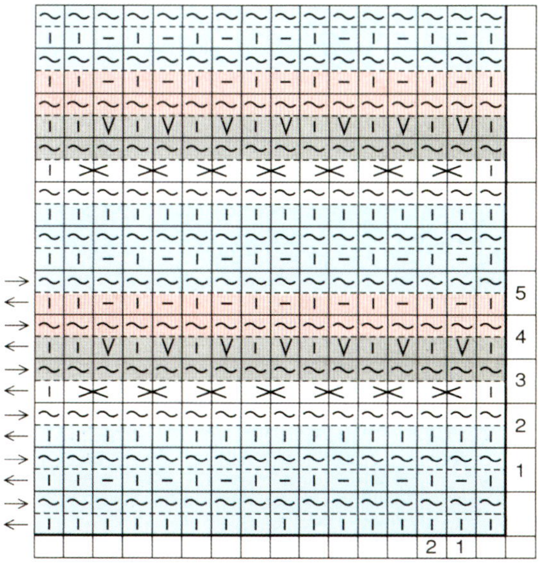

[I] =P7-2　[~] =P7-3　[X] =P9-13

[V] =P9-12　[-] =P7-4

[pale blue box] =A色　[grey box] =C色

[white box] =B色　[pink box] =D色

※配色线的更换方法…P65-b

32

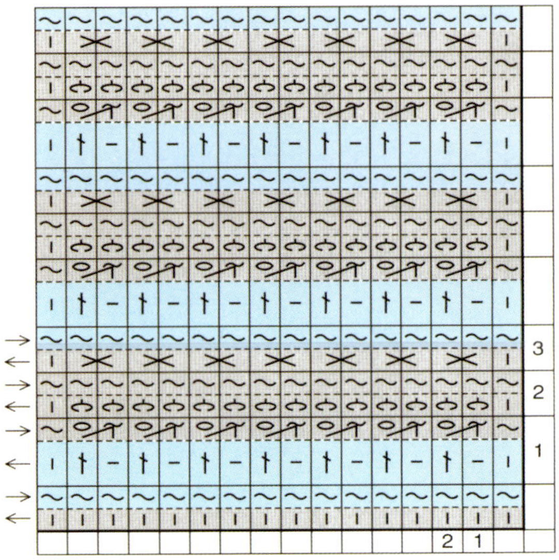

| = P7-2　　~ = P7-3　　- = P7-4

= P11-23　　X = P9-13

† = P8-9

= 编织锁针1针、退针2针并1针

= A色

= B色

※配色线的更换方法…P65-b

33

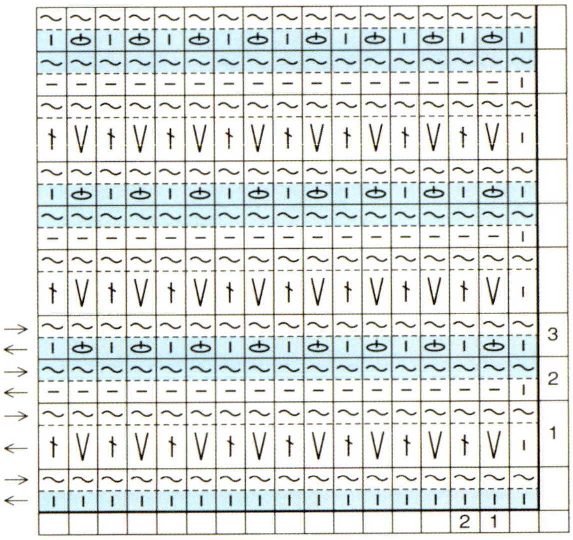

| = P7-2　　~ = P7-3　　- = P7-4

V = P9-12　　† = P8-9　　= P11-23

= A色

= B色

※配色线的更换方法…P65-b

34

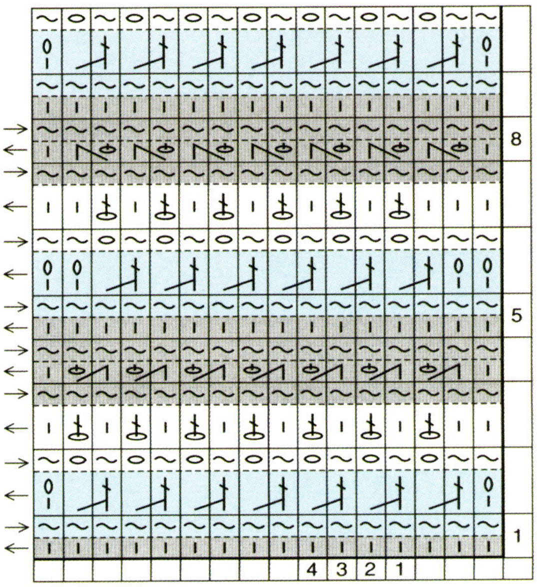

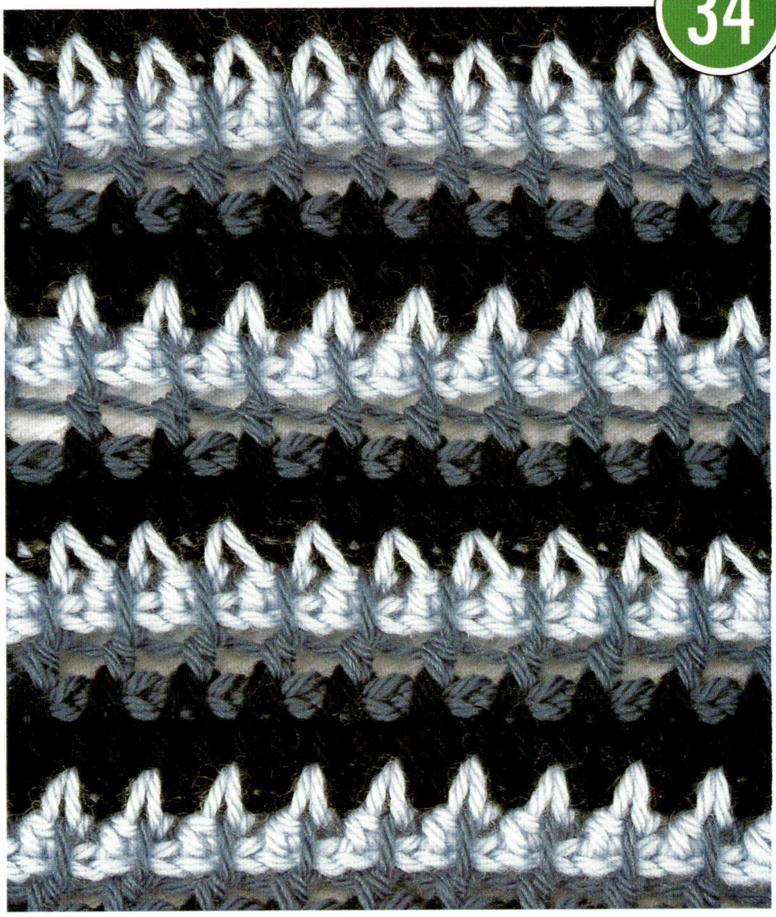

〔Symbol 1〕=P7-2 〔Symbol 2〕=P7-3 〔Symbol 3〕=P7-1

〔Symbol 4〕=编织长针2针并1针

〔Symbol 5〕=挑起上一行的退针的锁针的半针编织长针

〔Symbol 6〕=编织2针并1针，用下针挑起退针的锁针的半针

(grey box)=A色 (light blue box)=B色 (white box)=C色

※配色线的更换方法…P65-b

配色线的更换方法

a.前进编织时换线

前进编织时换线，经常在右侧换线。

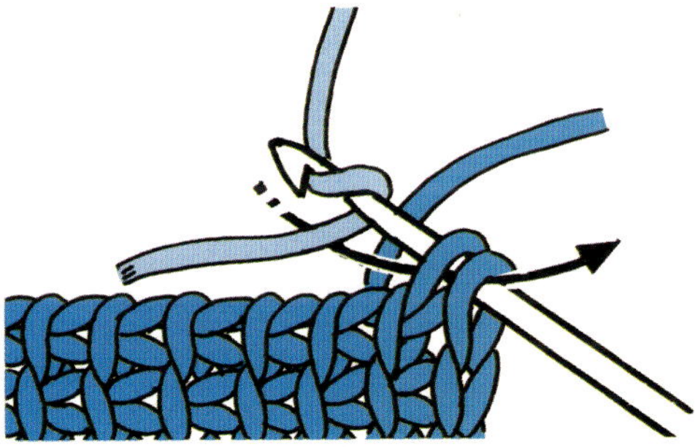

①换线在上一行的最后针目更换。如图所示留下右侧针目，将配色线挂在针上引拔编织。

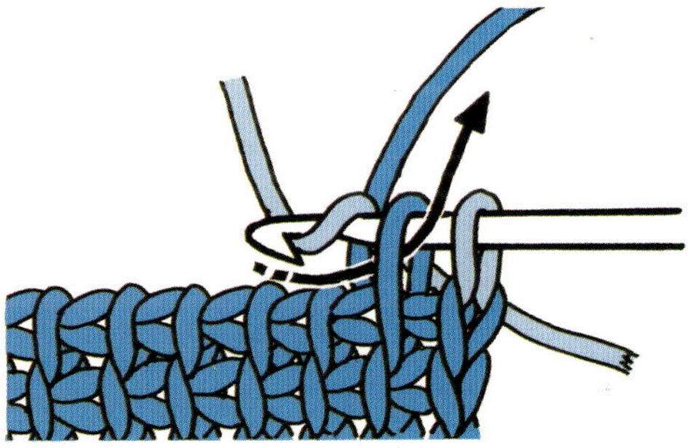

②停止使用编织线，用配色线编织。

b.后退编织时换线

后退编织时换线，经常在左侧换线。

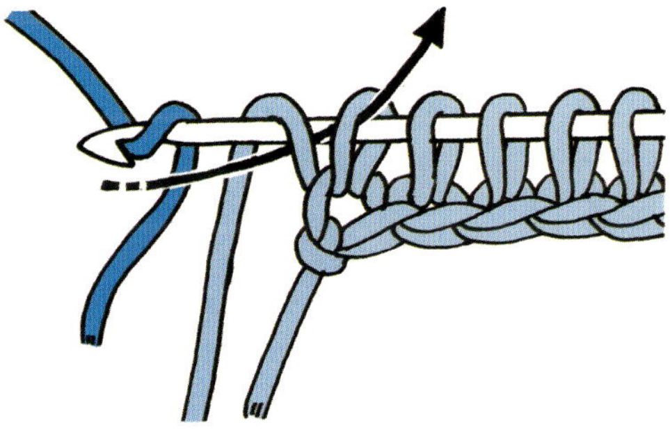

①前进针目编织到边端。将正在使用的编织线从内侧挂到针上停止使用。换配色线挂在针上，将挂针和边端针目一起引拔。接着编织退针。

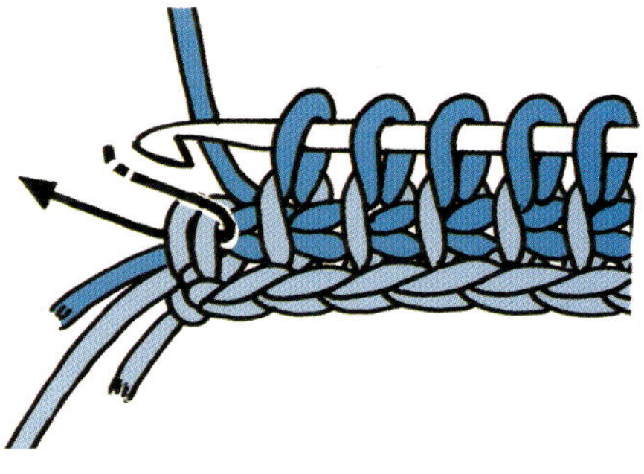

②下一行的前进编织用配色线编织。到左端时一起挑起2根线。

B. 镂空花样

阿富汗编织的镂空花样通过不同材料的组合有各种各样的编织方法。用羊毛、有张力的夏季毛线等能够编织出轻柔美丽的织品。

35

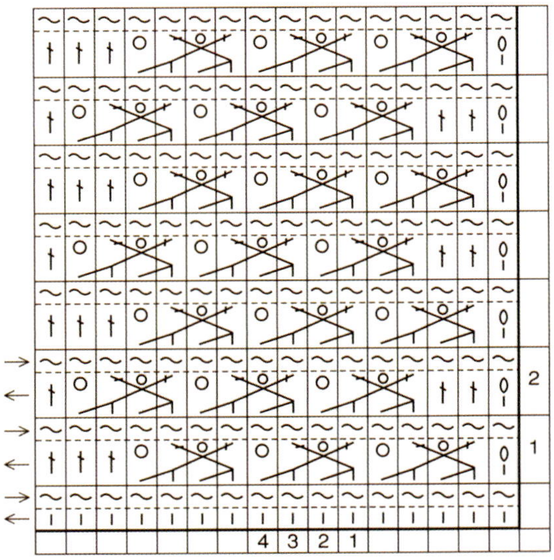

= P7-2

= P7-3

= P8-9

= P10-15

4 3 2 1 = ①将针目3、4一起挑起编织长针、挂针
②与①用同样要领编织针目1、2
③编织挂针

36

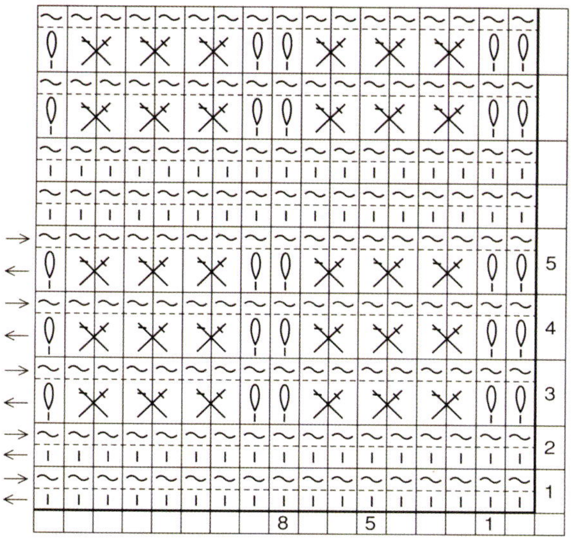

| = P7-2　　～ = P7-3

[symbol] = P10-15　　[symbol] = P9-13

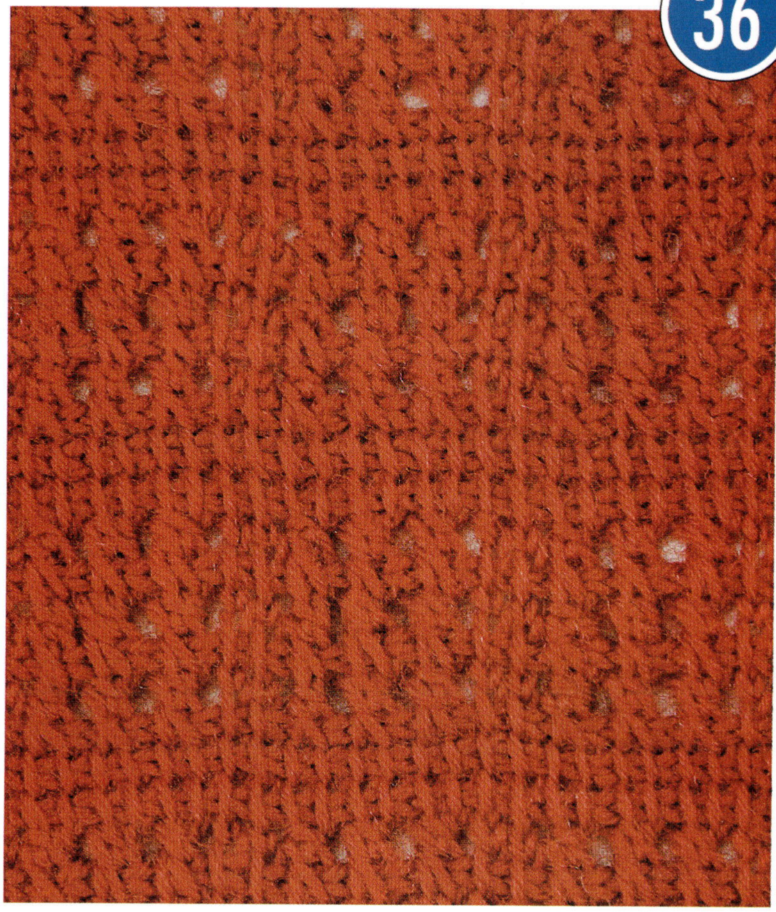

37

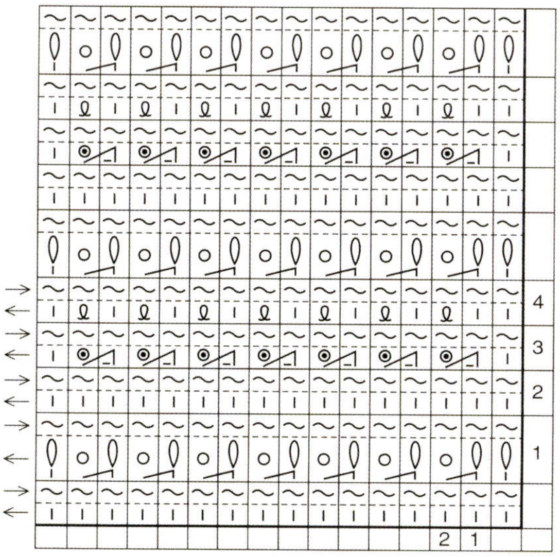

| = P7-2　　～ = P7-3　　[symbol] = P8-8

[symbol] =编织上针2针并1针、内侧挂针

[symbol] =将上一行的2针竖针一起挑起编织锁针花、挂针

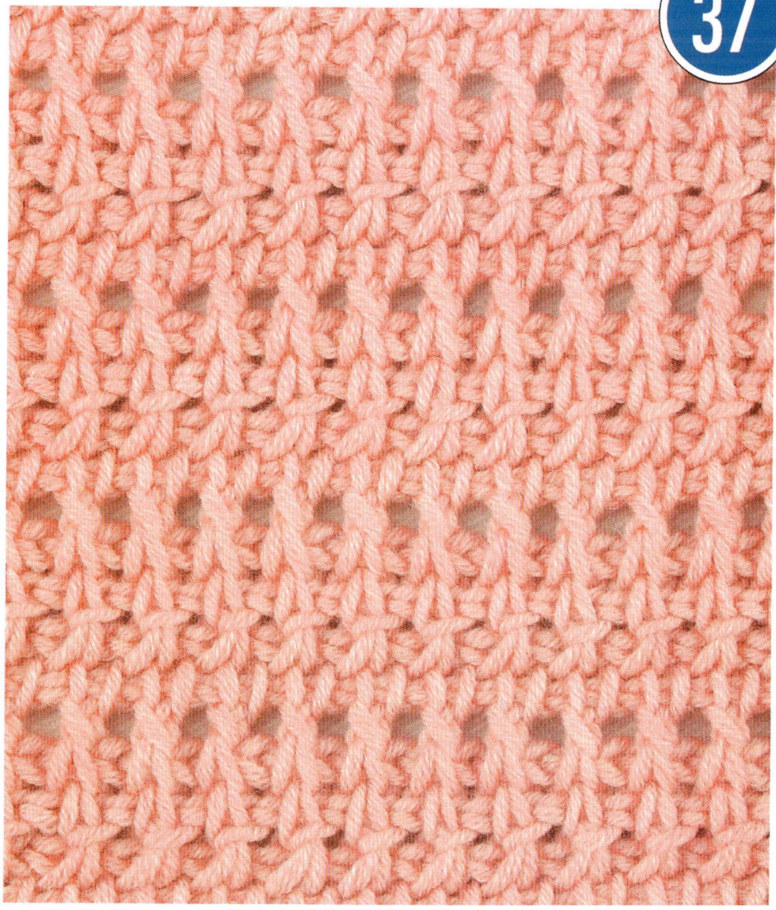

38

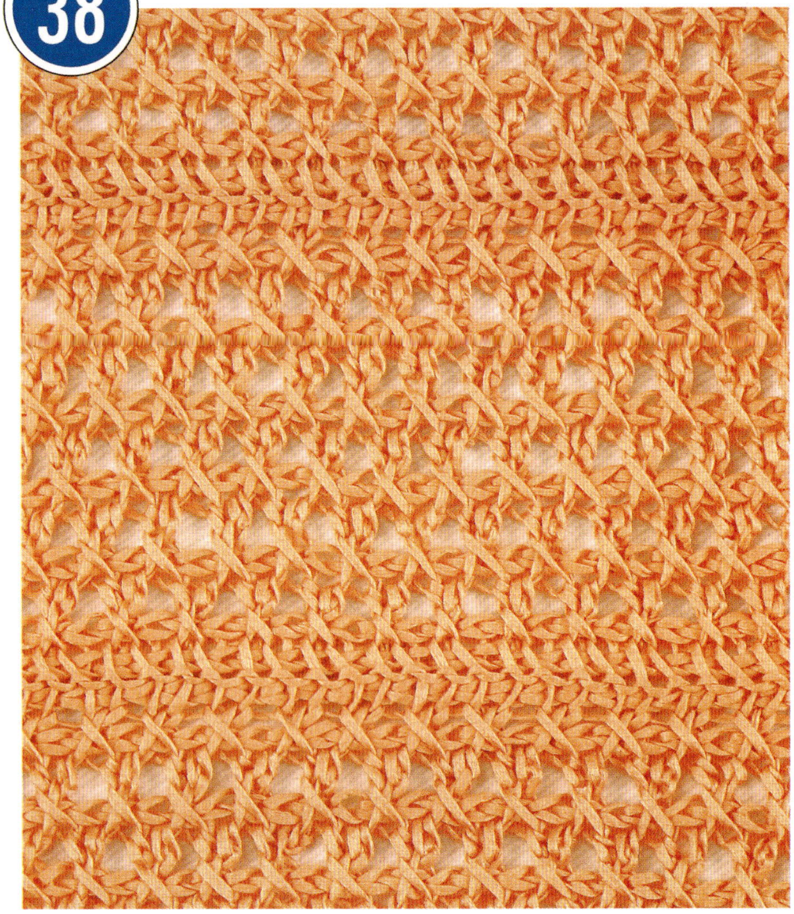

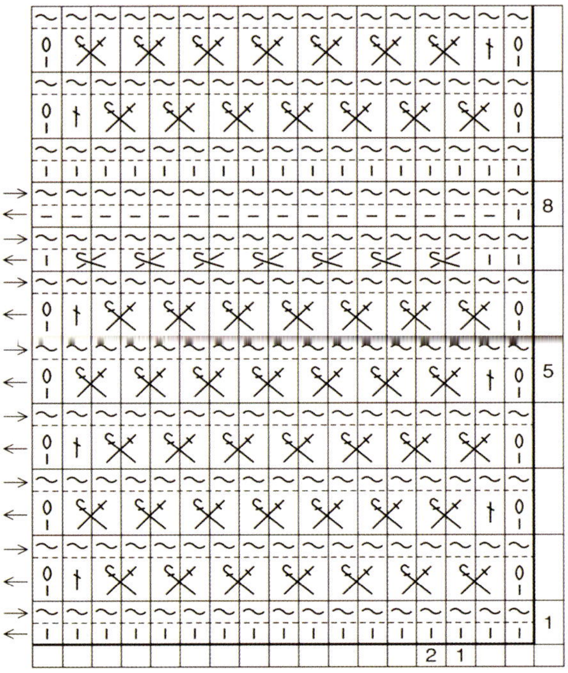

| =P7-2
~ =P7-3
- =P7-4
† =P8-9
0 =P10-15
=P9-14
=编织长针穿针交叉

39

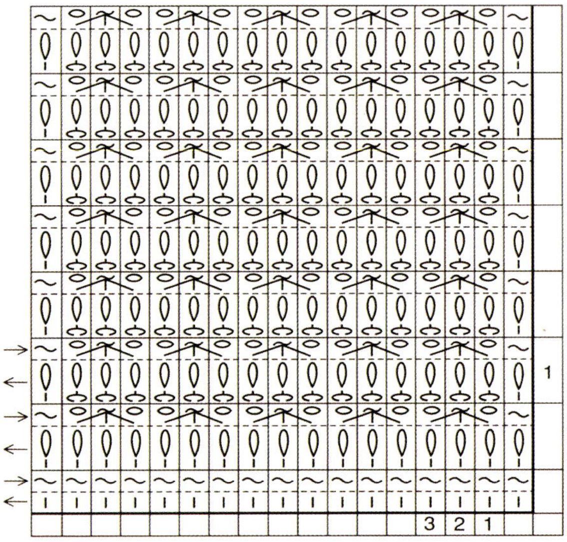

| =P7-2
~ =P7-3
0 =P10-15
=编织锁针1针、退针3针并1针、锁针1针
=挑起上一行的退针的里山编织锁针花

40

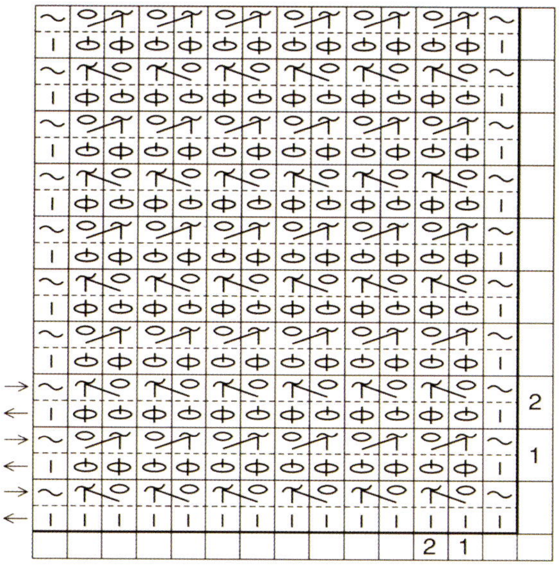

丨=P7-2　～=P7-3　Φ、○=P11-23

=编织退针2针并1针、锁针1针

=编织锁针1针、退针2针并1针

41

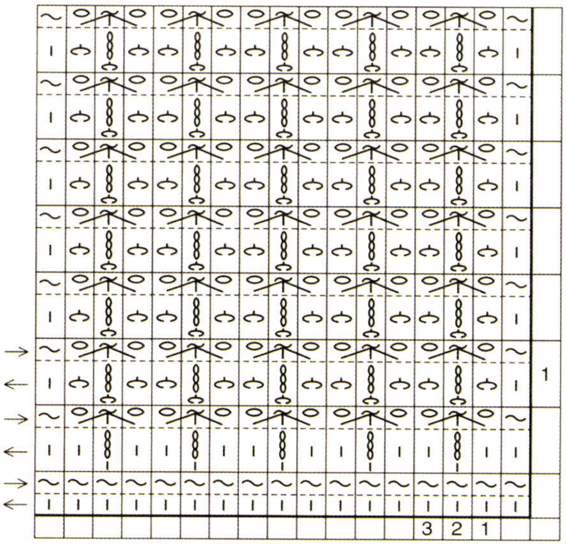

丨=P7-2　～=P7-3　○=P11-23

=挑起上一行的竖针编织锁针3针

=挑起上一行的退针的里山编织锁针3针

=编织锁针1针、退针3针并1针、锁针1针

42

=P7-2　=P7-3

=P10-15

=将上一行的2针竖针一起挑起编织锁针1针，整段挑起退针的锁针编织锁针1针

43

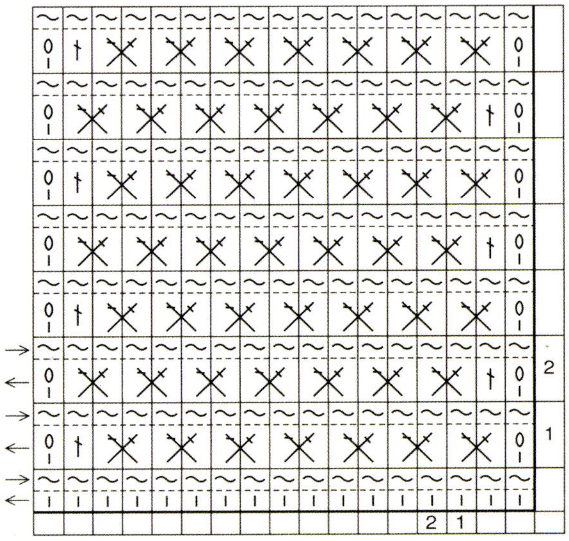

=P7-2　=P7-3

=P8-9　=P10-15　=P9-13

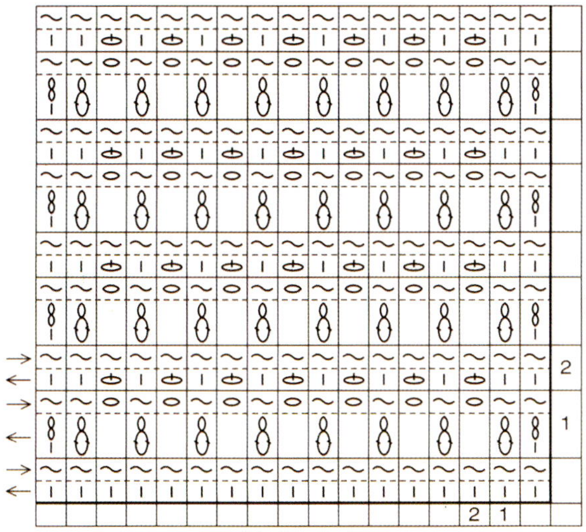

▯ = P7-2　〜 = P7-3　⬭ = P7-1

(symbol) = P10-15　(symbol) = P11-23

(symbol) = 编织长针 2 针的枣形针、锁针1针

▯ = 无针目部分

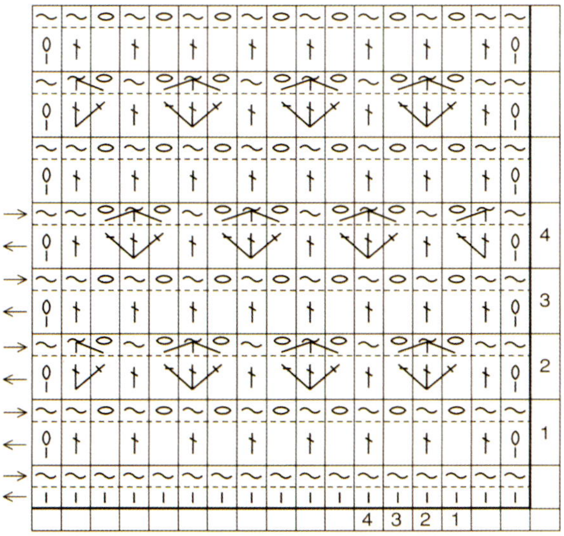

▯ = P7-2　〜 = P7-3　⬭ = P7-1

(symbol) = P8-9　(symbol) = P10-15

(symbol) = 从上一行的长针编织1针放3针长针

(symbol) = 编织锁针1针、退针3针并1针、锁针1针

▯ = 无针目部分

46

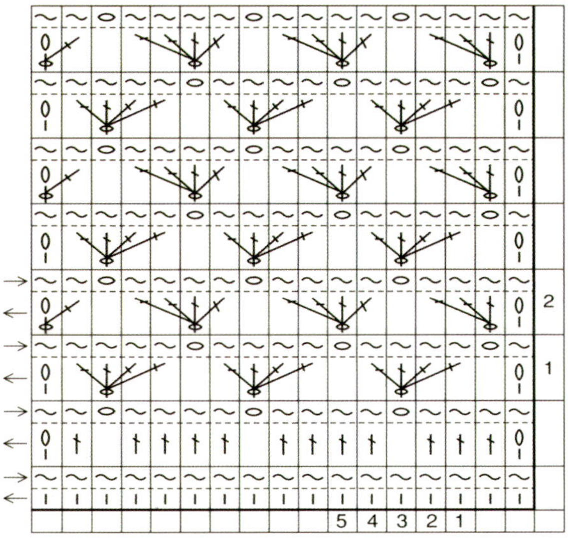

□ ＝P7-2　　～ ＝P7-3　　○ ＝P7-1

† ＝P8-9　　ọ ＝P10-15

＝整段挑起上一行的锁针进行编织

□ ＝无针目部分

47

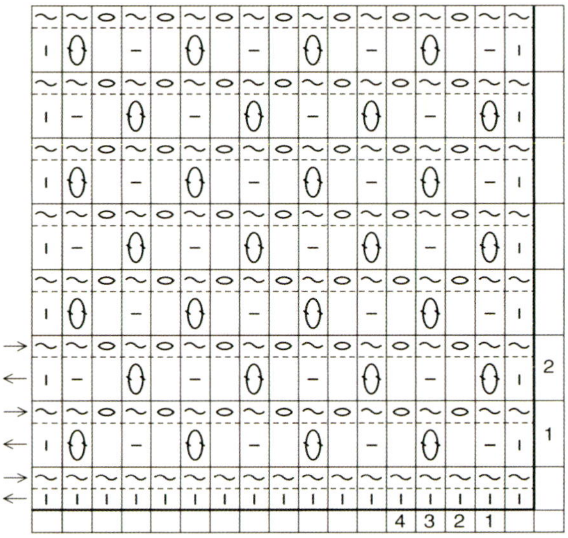

□ ＝P7-2　　～ ＝P7-3　　○ ＝P7-1

－ ＝P7-4

() ＝P9-10　　□ ＝无针目部分

48

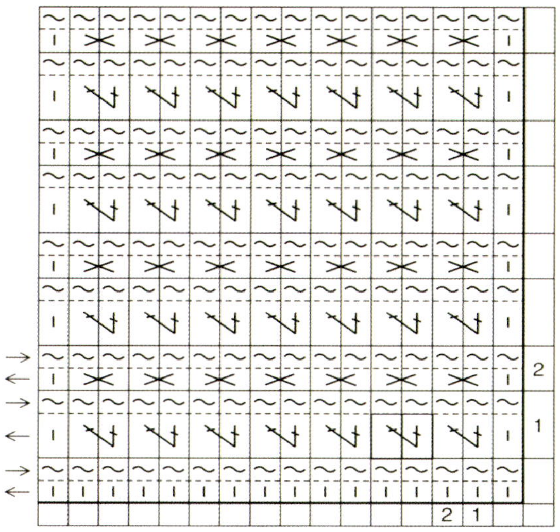

丨 =P7-2　　～ =P7-3　　✕ =P9-13

=编织1针放2针长针

49

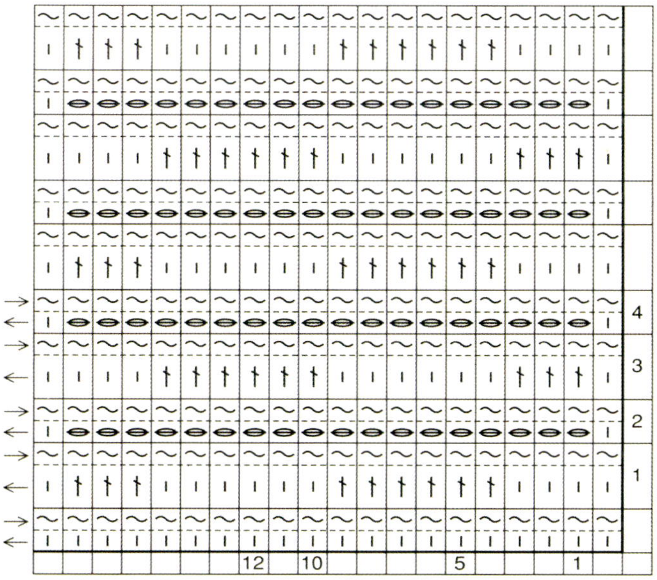

丨 =P7-2　　～ =P7-3

† =P8-9

⊖ =整段挑起上一行的退针编织上针

50

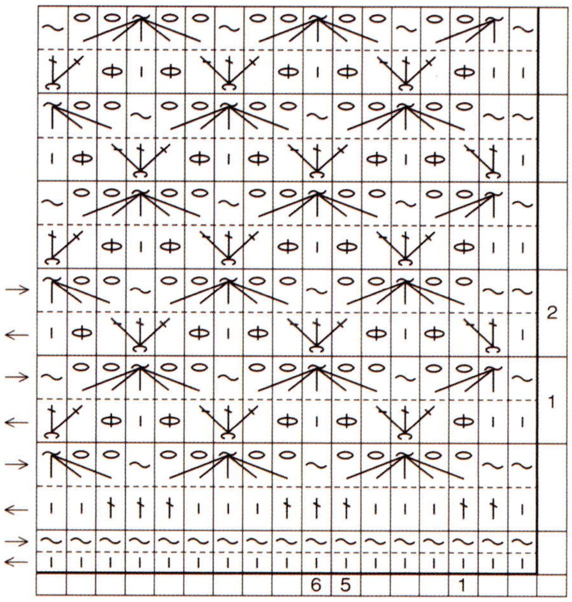

| =P7-2　　～ =P7-3　　Φ =P11-23

† =P8-9

=编织锁针2针、退针5针并1针、锁针2针

=挑起上一行的退针的里山编织1针放3针长针

51

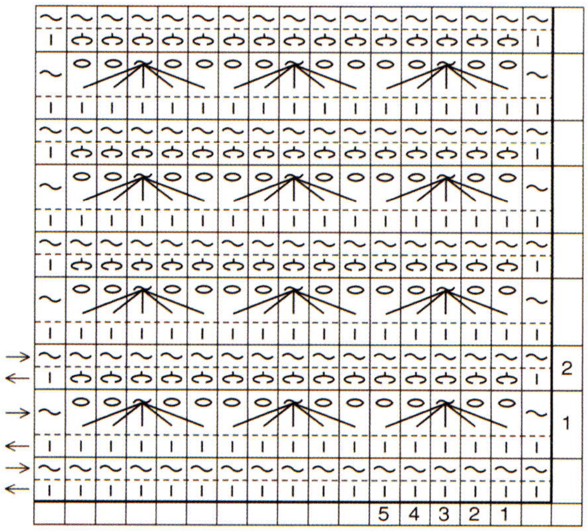

| =P7-2　　～ =P7-3　　ꝺ =P11-23

=编织锁针2针、退针5针并1针、锁针2针

52

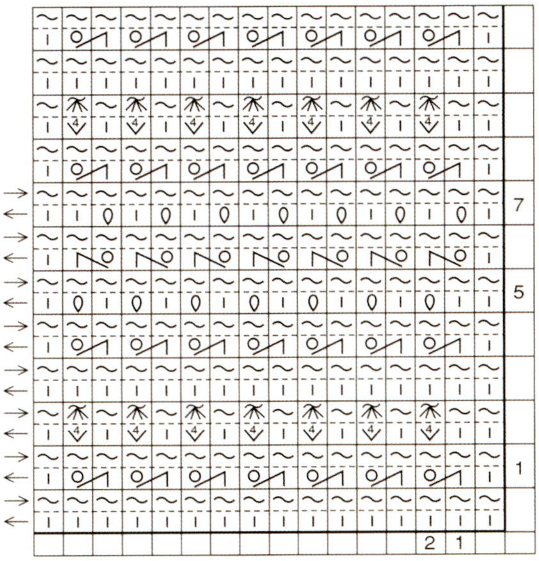

丨 = P7-2　　～ = P7-3　　0 = P8-5

╲0 = 编织挂针、2针并1针

0╱ = 编织2针并1针、挂针

∀ = P10-17　　木 = P11-21

53

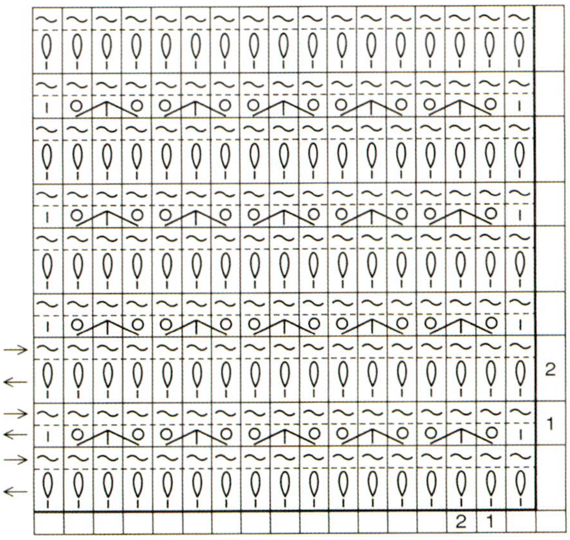

丨 = P7-2　　～ = P7-3

0 = P10-15

0人0 = 编织挂针、3针并1针、挂针

C. 基本花样

能够编织出工整织片的基本花样是外套、套装等突出轮廓的作品的首选，是只有简单花样才可以有的奢侈。请用上等的毛线细心地编织。

54

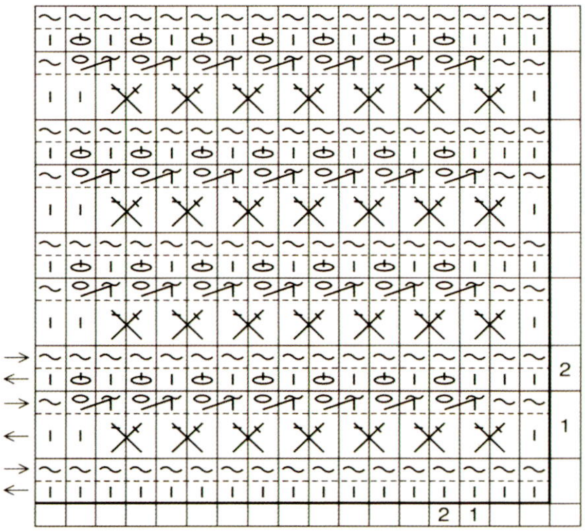

[|] = P7-2　[~] = P7-3　[⦶] = P11-23

[╳] = P9-13

[◯⁄Ͳ] = 编织锁针1针、退针2针并1针

55

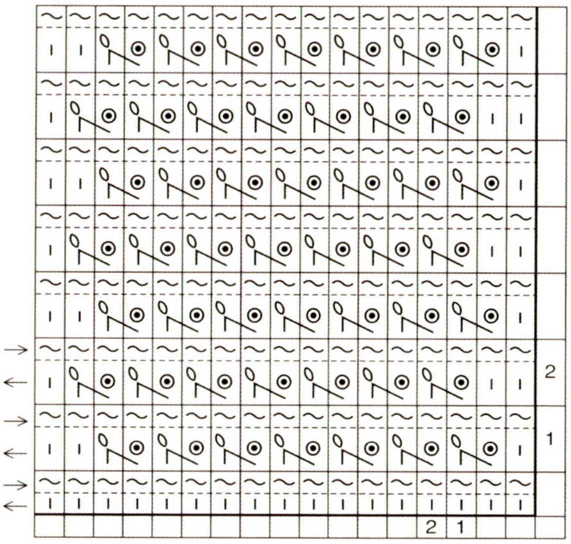

| = P7-2　　～ = P7-3

= 编织内侧挂针、2针并1针、锁针1针

56

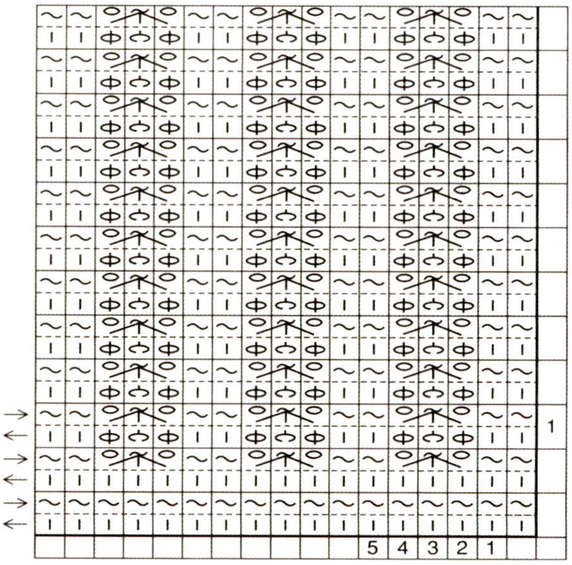

| = P7-2　　～ = P7-3　　Φ、Ͼ = P11-23

= 编织锁针1针、退针3针并1针、锁针1针

57

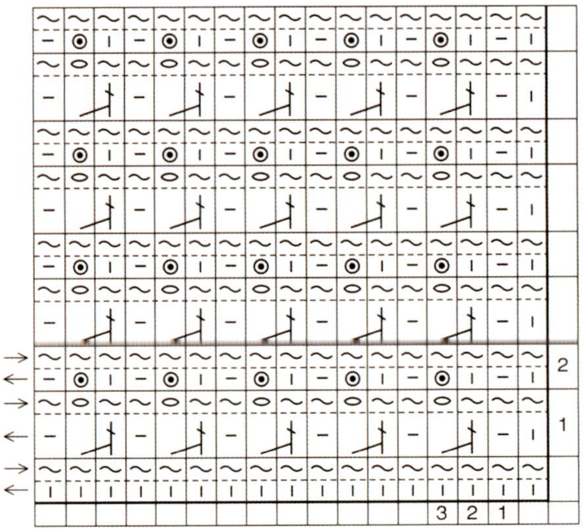

| = P7-2　　~ = P7-3　　- = P7-4

○ = P7-1　　⊙ = P8-7

（长针2针并1针符号）= 编织长针2针并1针

58

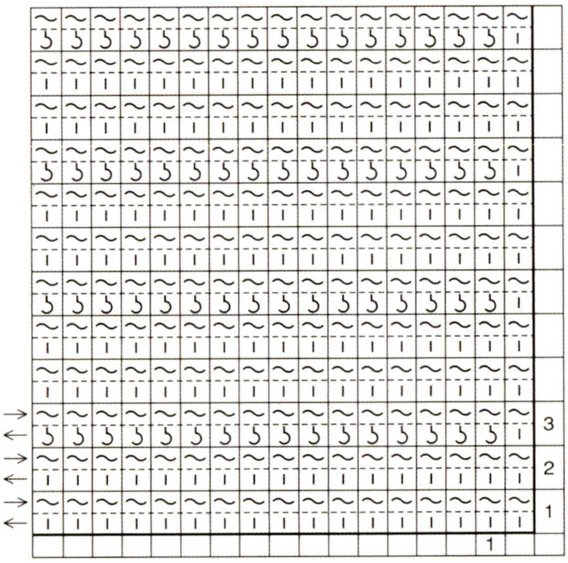

| = P7-2　　~ = P7-3

（符号）= 用与回针（P11-24）同样要领挑起竖针

59

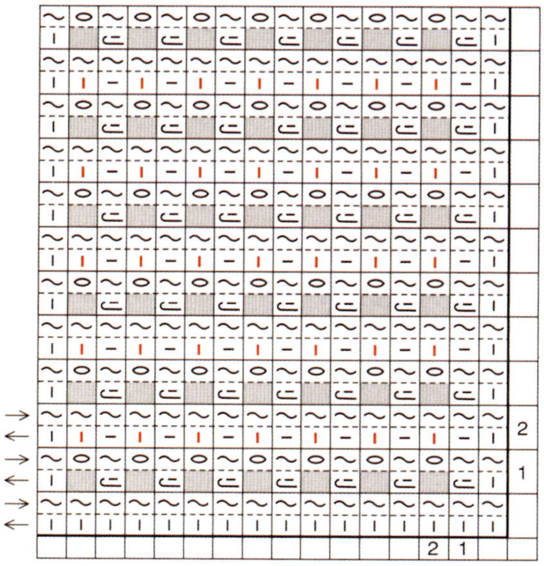

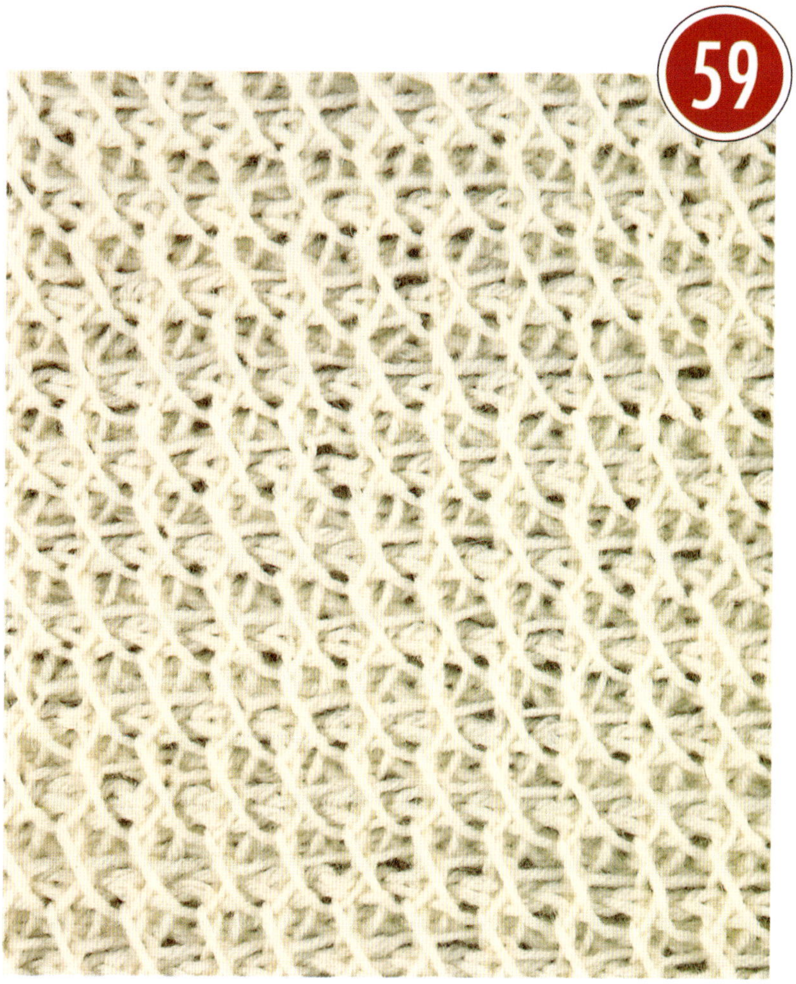

| =P7-2　～=P7-3　o=P7-1

− =P7-4

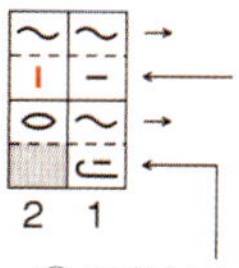

▒ =无针目部分

60

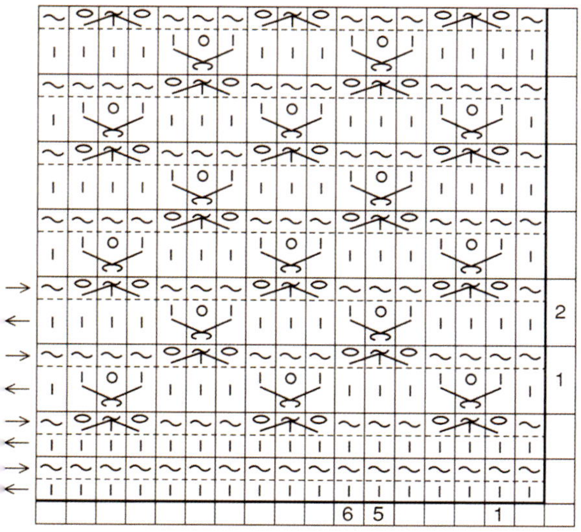

| =P7-2　～=P7-3

=编织锁针1针、退针3针并1针、锁针1针

=挑起上一行的退针的里山编织下针、挂针、下针

61

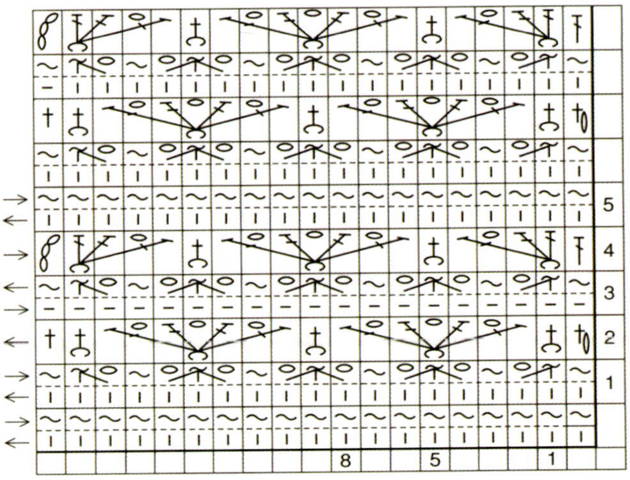

丨 = P7-2　～ = P7-3　○ = P7-1　－ = P7-4

† = P8-9　† = 短针　= 挑起退针的锁针的里山编织短针

= 编织锁针1针、退针3针并1针、锁针1针

= 编织退针2针并1针、锁针1针

= 编织锁针1针、退针2针并1针

= 挑起退针的锁针的里山编织长针和锁针

※下一行将针插入长针头部2根线或挑起锁针的里山进行编织

62

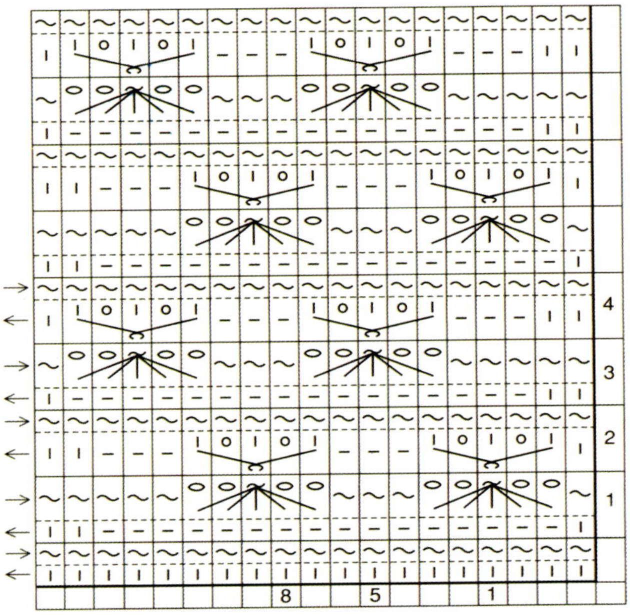

丨 = P7-2　～ = P7-3　－ = P7-4

= 编织锁针2针、退针5针并1针、锁针2针

= 挑起上一行退针的锁针的里山编织下针和挂针共5针

63

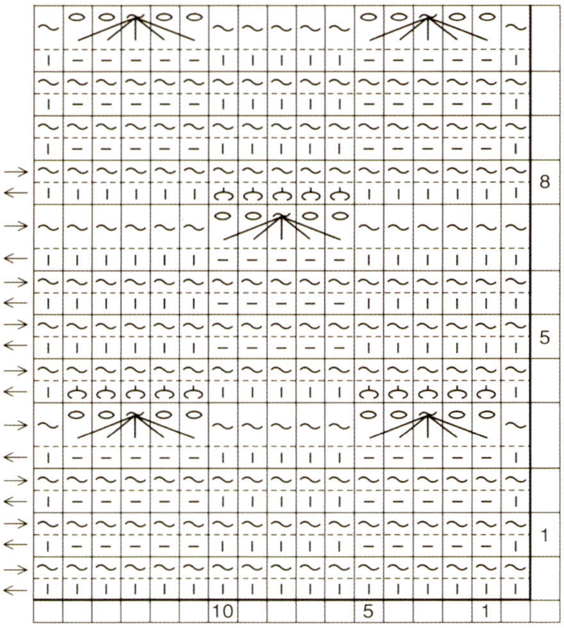

丨 ＝P7-2　　～ ＝P7-3　　－ ＝P7-4

 ＝P11-23

 ＝编织锁针2针、退针5针并1针、锁针2针

64

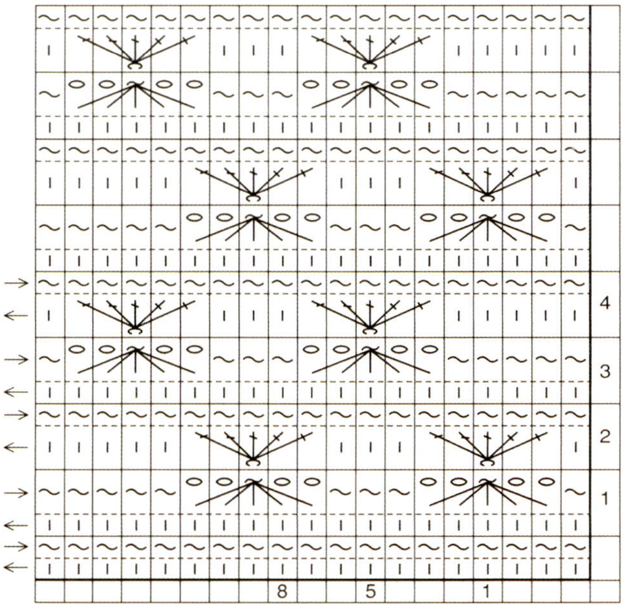

丨 ＝P7-2　　～ ＝P7-3

 ＝编织锁针2针、退针5针并1针、锁针2针

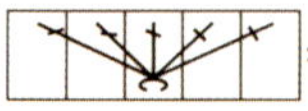 ＝挑起上一行退针的锁针的里山编织1针放5针长针

65

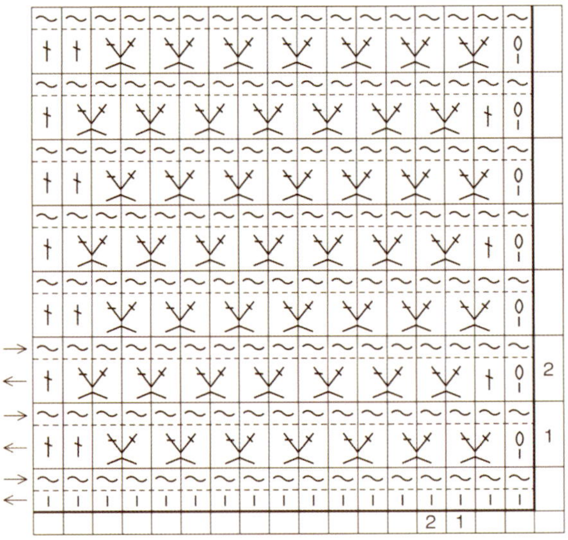

[|] =P7-2　[~] =P7-3

[ǂ] =P8-9　[o] =P10-15

[symbol] =将上一行的2针一起挑起编织1针放2针长针

66

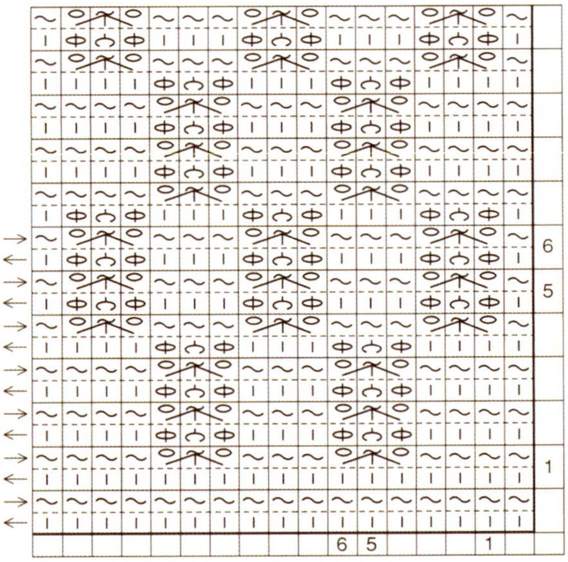

[|] =P7-2　[~] =P7-3　[⊕]、[⊃] =P11-23

[symbol] =编织锁针1针、退针3针并1针、锁针1针

67

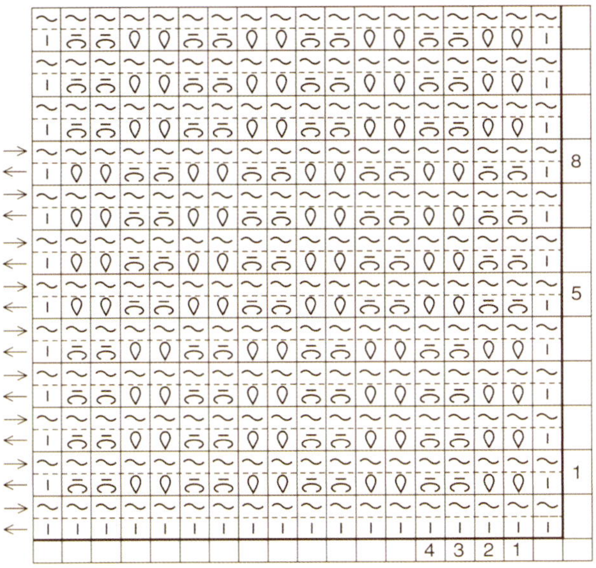

丨 ＝P7-2　～ ＝P7-3　0 ＝P8-5

ō ＝ 挑起退针的锁针的里山编织上针

68

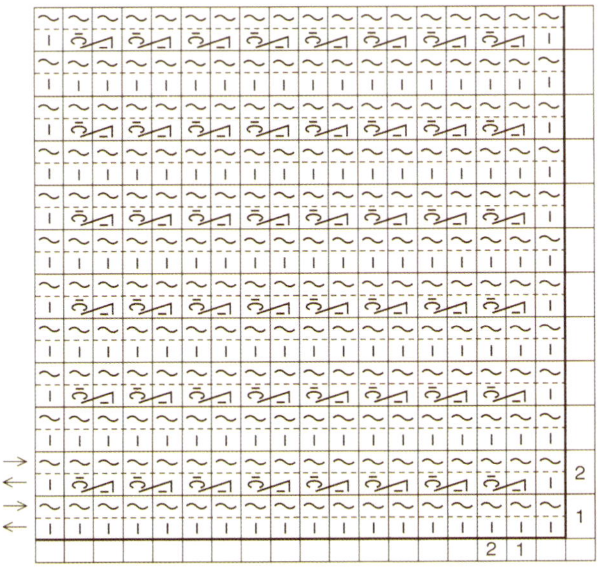

丨 ＝P7-2　～ ＝P7-3

ō⊿ ＝ 在上一行的竖针编织上针2针并1针，挑起上一行的退针的锁针的里山编织上针

69

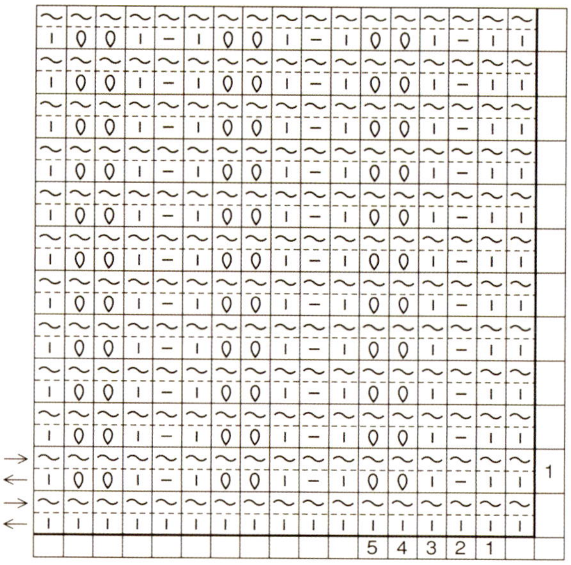

丨＝P7-2　～＝P7-3　－＝P7-4

0＝P8-5

70

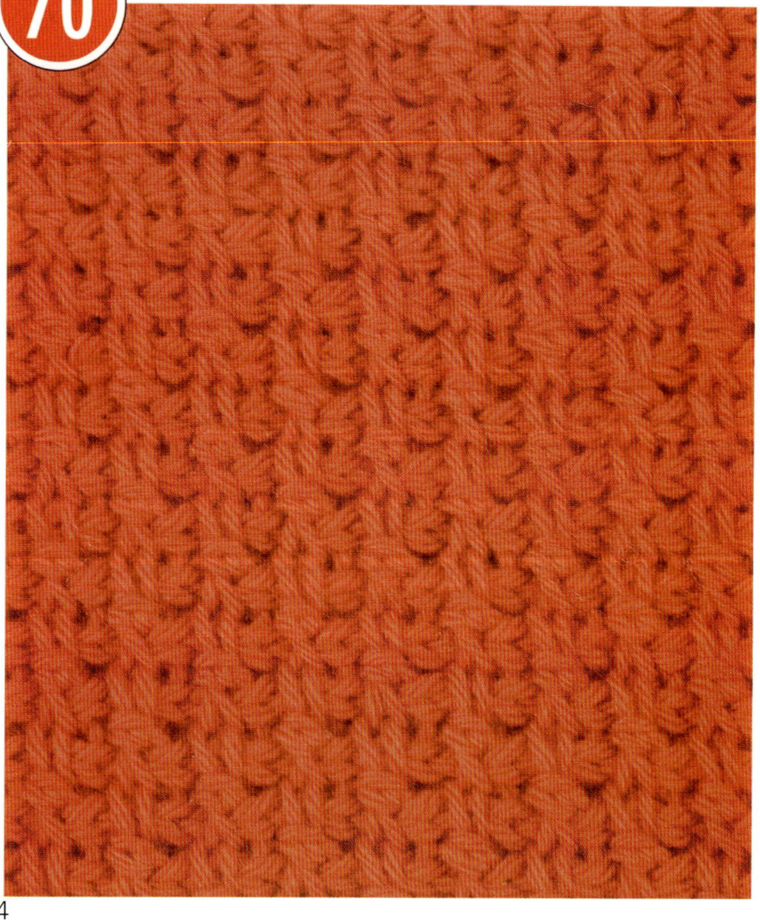

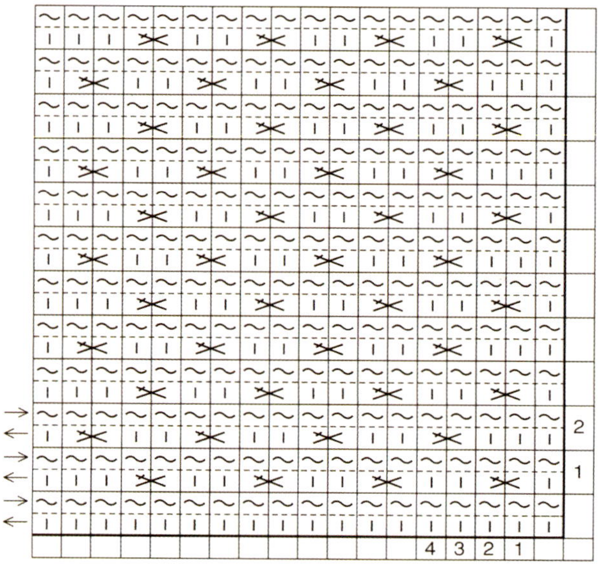

丨＝P7-2　～＝P7-3

✕＝①跳过上一行的1针，将针插入接着的竖针编织下针
②返回到跳过的针目编织长针

71

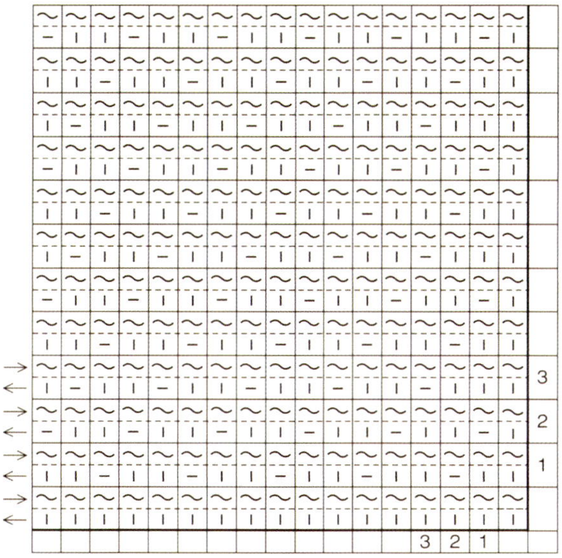

| =P7-2　　~ =P7-3　　– =P7-4

72

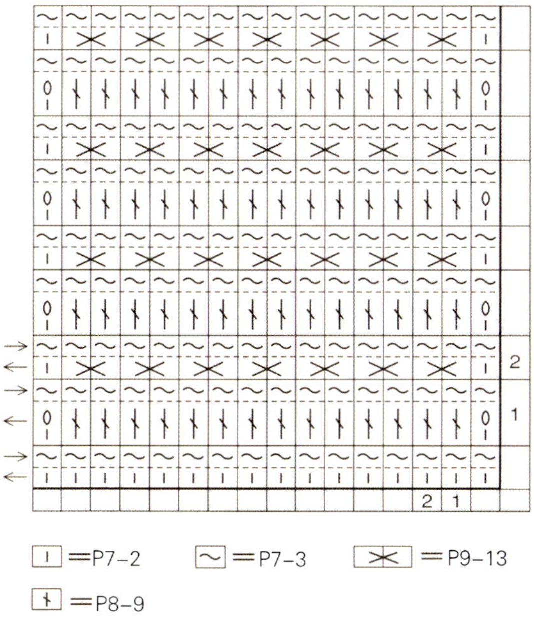

| =P7-2　　~ =P7-3　　× =P9-13

ɫ =P8-9

73

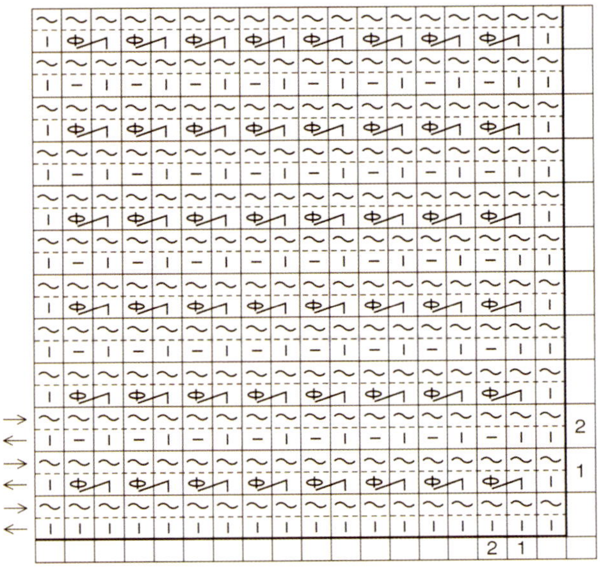

| = P7-2　　~ = P7-3　　- = P7-4

Φ/1 = 编织2针并1针，整段挑起退针的锁针

74

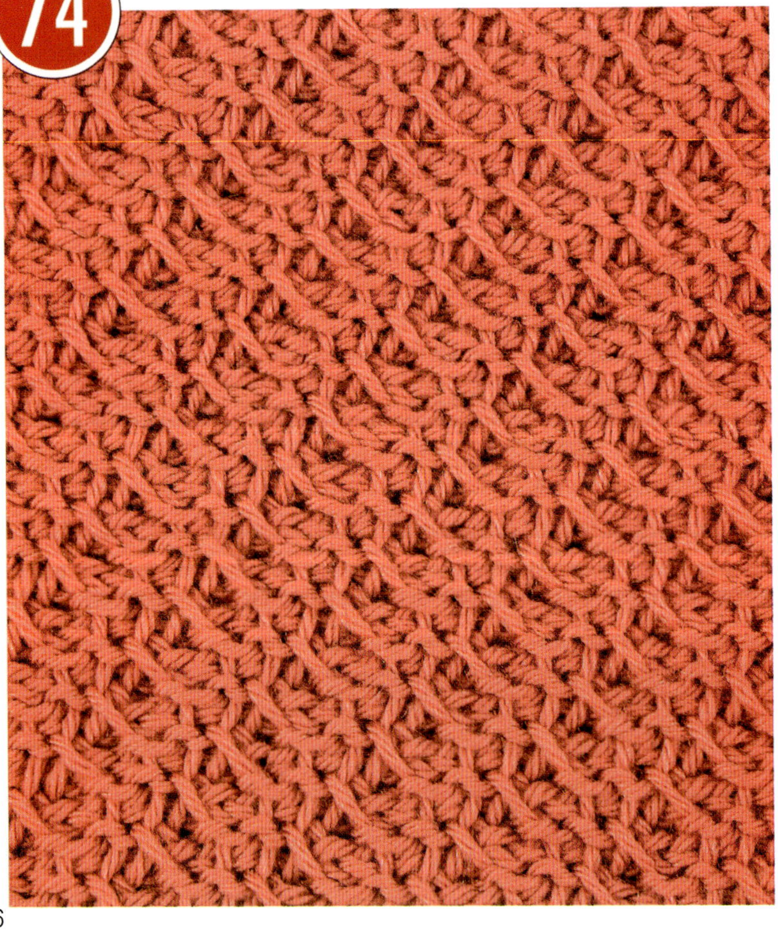

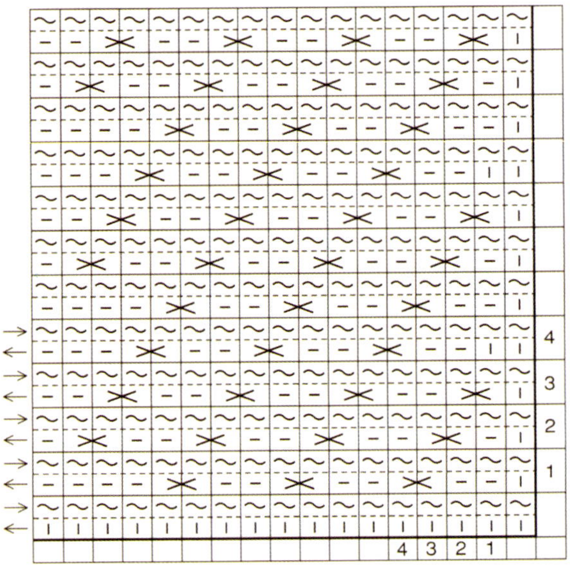

| = P7-2　　~ = P7-3　　- = P7-4

✕ = P9-13

75

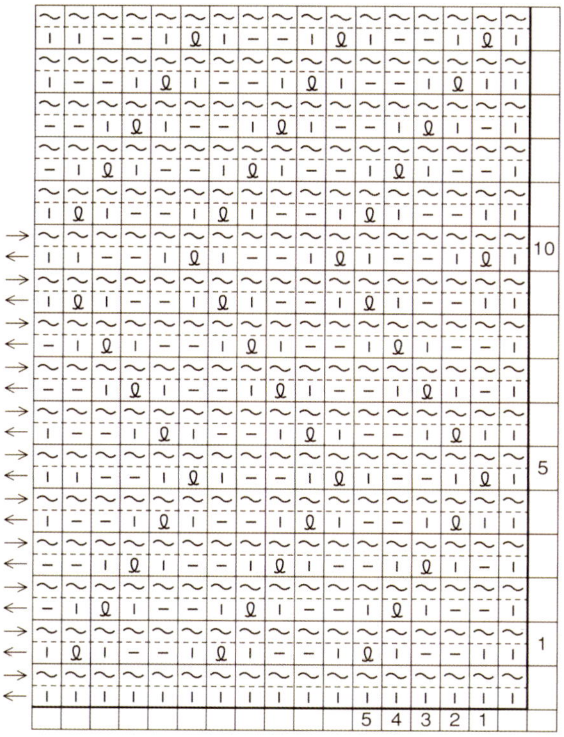

| =P7-2　　~ =P7-3　　ℓ =P8-8

– =P7-4

76

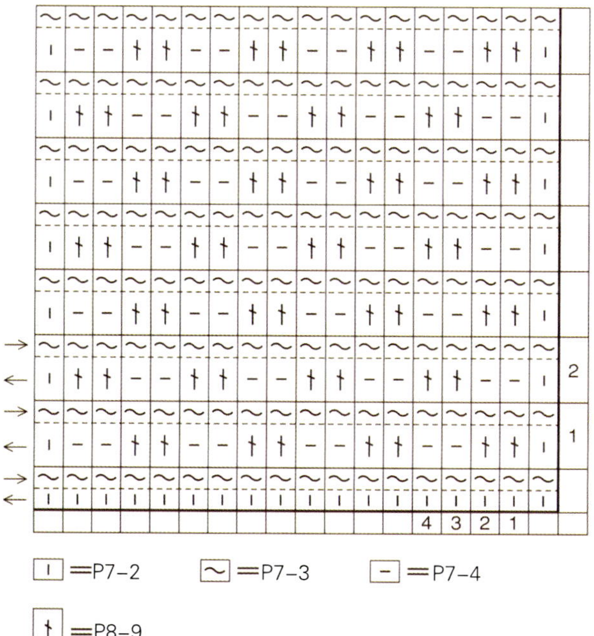

| =P7-2　　~ =P7-3　　– =P7-4

† =P8-9

D. 立体花样

加入泡泡针、正拉针等能够编织出观感饱满的织片。如果全体都加入感觉有点拥挤，就只在下摆、袖口等处使用也很有效果。如果再加上配色也能体现出不同的纹理。

77

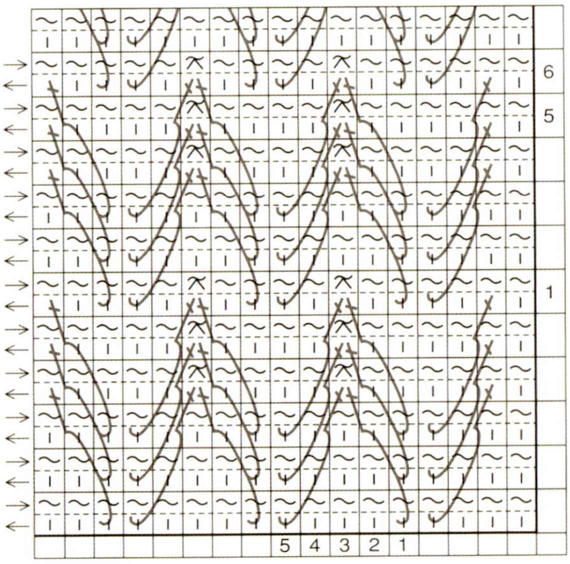

[I] ＝P7–2　[~] ＝P7–3　[⌅] ＝P10–19

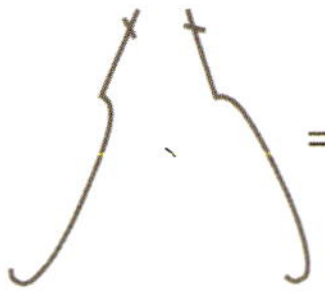

＝P10–16

78

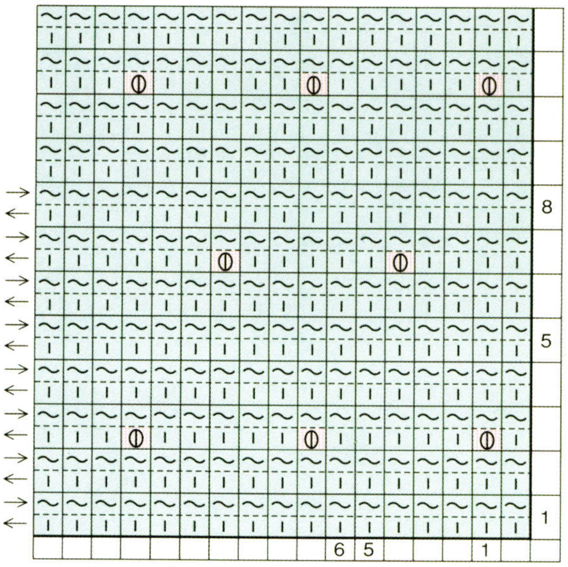

[|] ＝P7-2　[～] ＝P7-3　[⦶] ＝ P9-11

※织入花样…P11-25

＝A色

＝B色

79

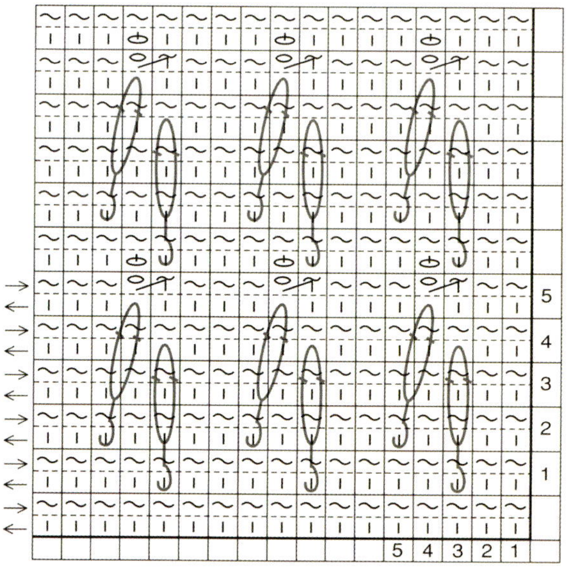

[|] ＝P7-2　[～] ＝P7-3　[⊖] ＝ P11-23

＝编织锁针1针、退针2针并1针

＝编织长针的正拉针2针的枣形针

80

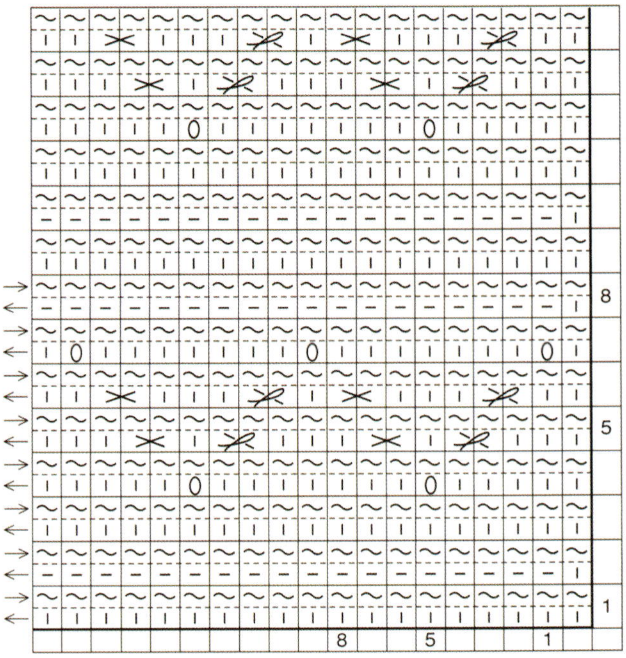

丨 ＝P7-2　～ ＝P7-3　－ ＝P7-4

0 ＝P9-11　✕ ＝P9-13

1 2 ＝针目1是在上一行的竖针编织扭针，针目2是交叉编织下针

81

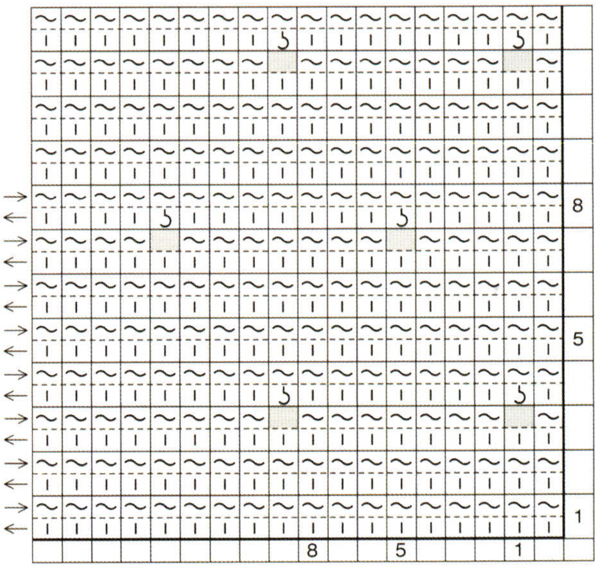

丨 ＝P7-2　～ ＝P7-3

▒ ＝ ∞～∞

ↄ ＝ 用与回针（P11-24）同样要领挑起竖针

82

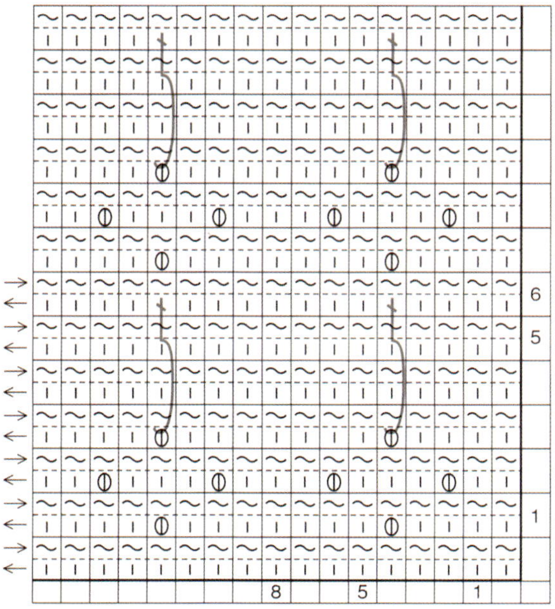

| = P7-2　　～ = P7-3　　Φ = P9-11

= P10-16

83

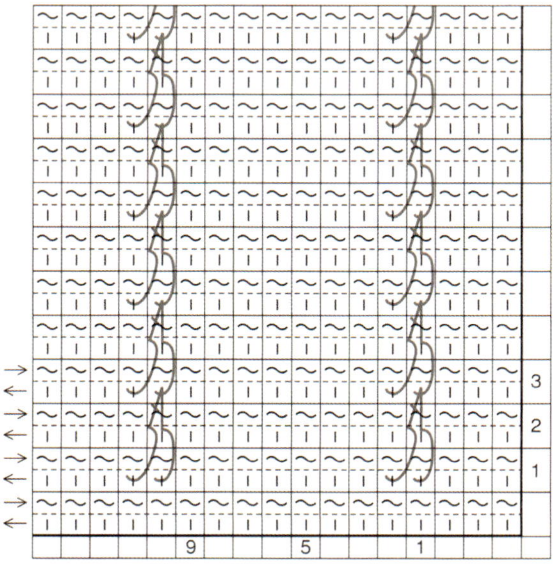

| =P7-2　　～ =P7-3

=针目1是整段挑起竖针编织中长针的正拉针，针目2是编织长针的正拉针，然后将此2针并1针

84

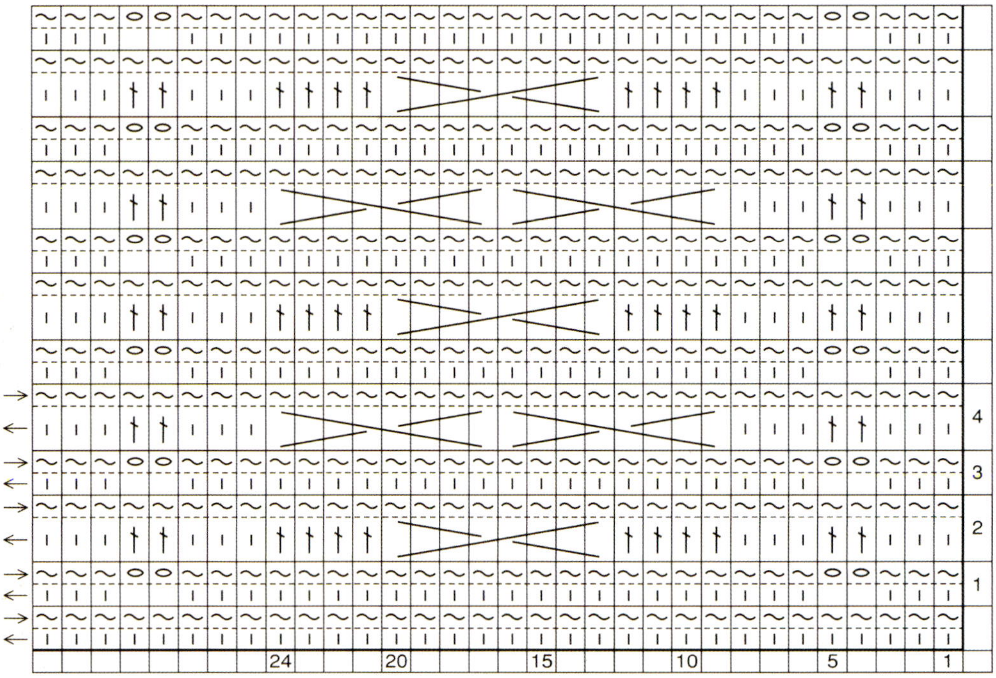

[|] = P7-2　[~] = P7-3　[0] = P7-1　[†] = P8-9　[ ] = 无针目部分

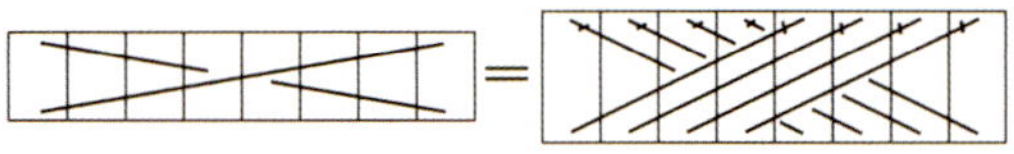

长针左上4针交叉

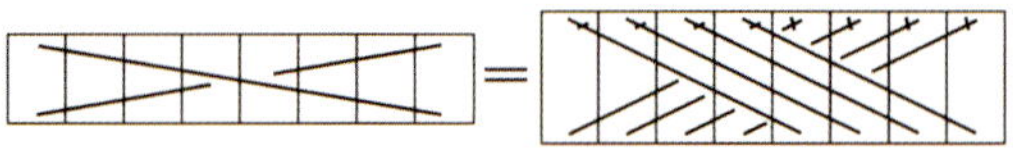

长针右上4针交叉

85

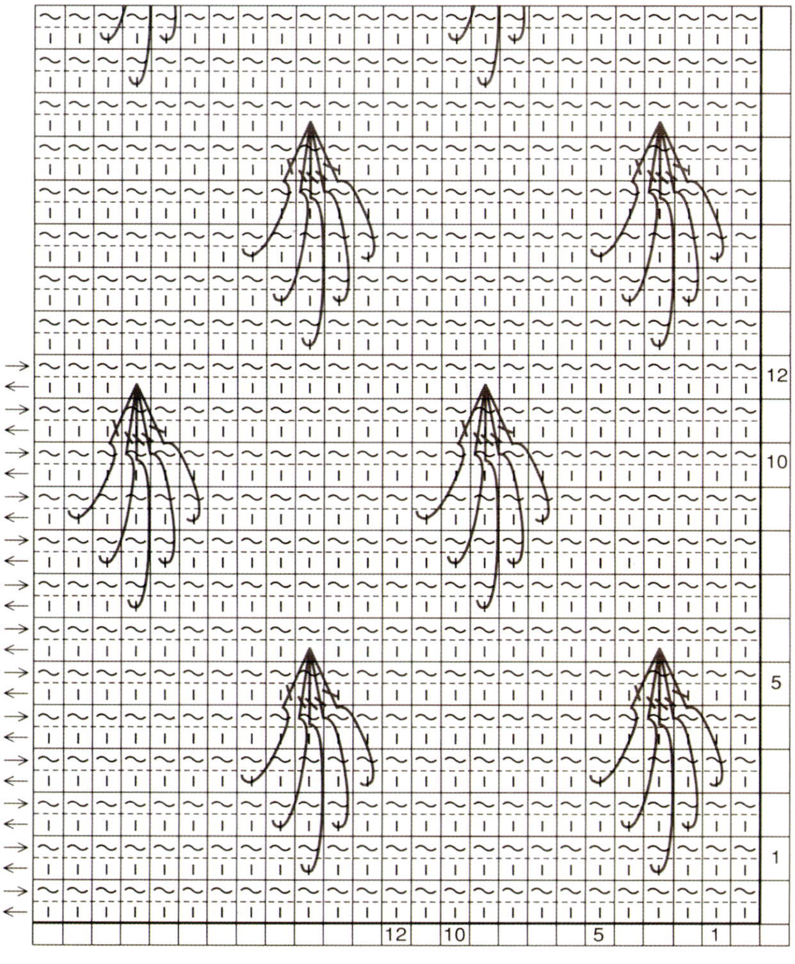

□ = P7-2　　〜 = P7-3

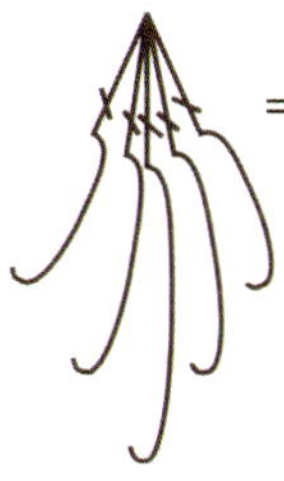

= 编织长针的正拉针5针并1针

86

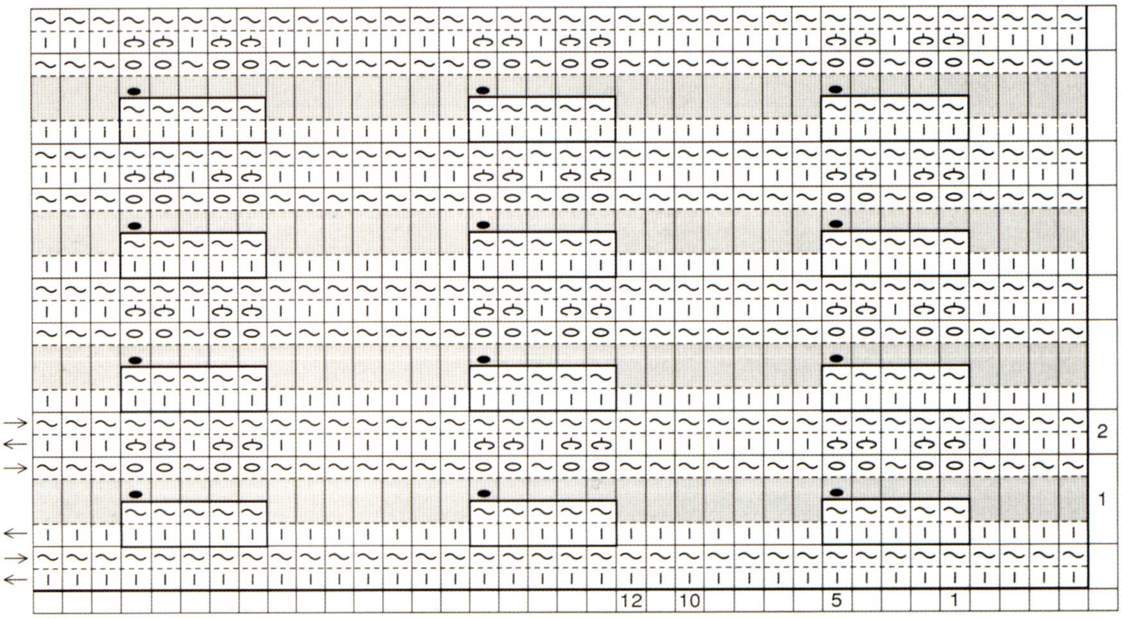

I =P7-2　～ =P7-3　O =P7-1　↺ =P11-23　▒ =无针目部分

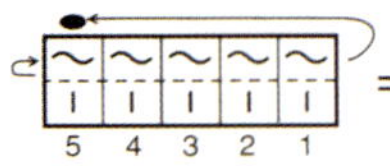

=编织下针5针、退针5针，把针目从针上退下。将针插入针目5的竖针引出退下的针目

E. 双面花样

阿富汗编织能够编织出正反两面是同样花样的双面花样。看起来可能感觉很难，但是只要注意编织的方向和换线的时机，就会出乎意料的简单。退针休针时不拉紧线，绕成线圈预留比较好。双面花样是折返领和围巾等最适合的花样。

87

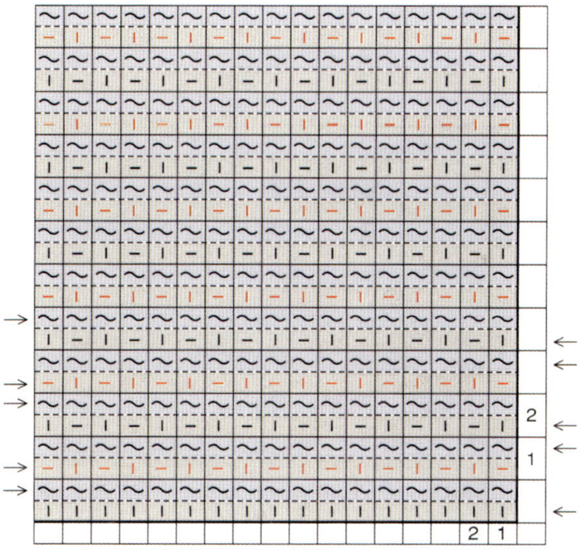

Ｉ＝P7-2　～＝P7-3　－＝P7-4

－、Ｉ＝在内侧　Ｉ和－ 用相同要领编织

＝A色

＝B色

88

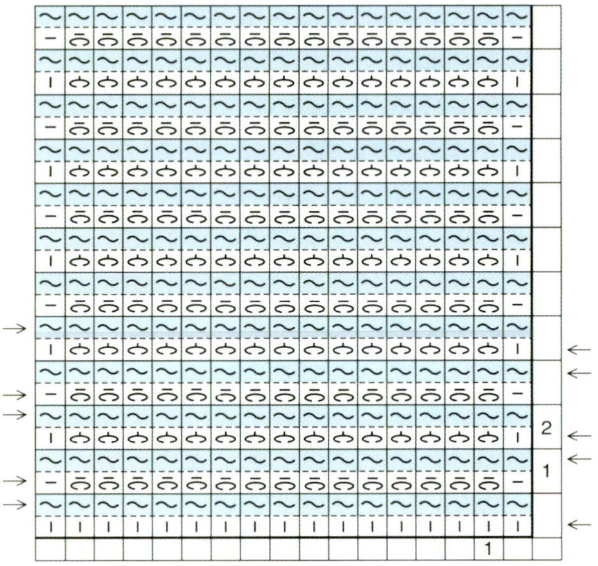

I ＝P7-2　　~ ＝P7-3　　⌒ ＝P11-23

－ ＝在内侧和 I 用相同要领编织

⌒ ＝在内侧和 ⌒ 用相同要领编织

□ ＝A色

□ ＝B色

89

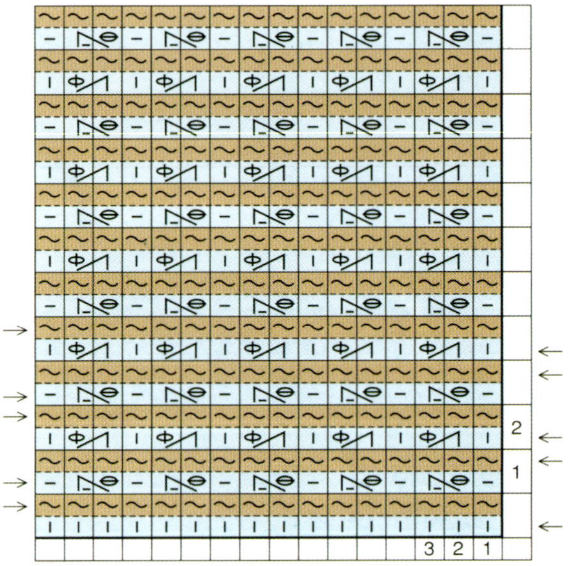

I ＝P7-2　　~ ＝P7-3

Φ/1 ＝编织2针并1针，整段挑起退针的锁针

－ ＝在内侧和 I 用相同要领编织

\Θ ＝在内侧和 Φ/1 用相同要领编织

□ ＝A色

□ ＝B色

90

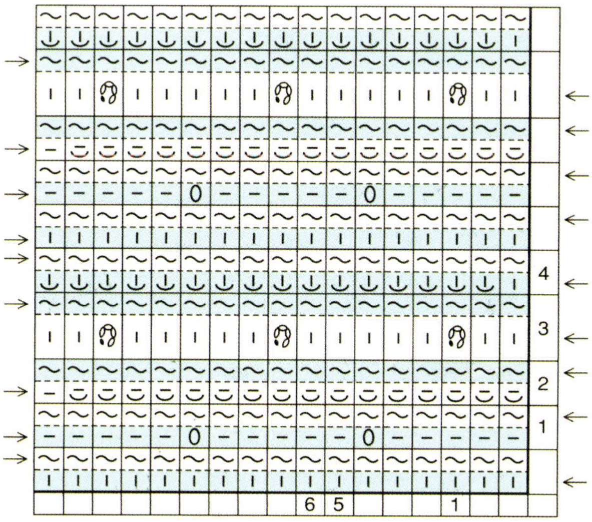

| = P7-2　　~ = P7-3　　⊥ = P11-24

0 = P9-11　　[bobble] = 在上一行的竖针编织锁针4针，在相同针目引拔编织

- = 在内侧和 | 用相同要领编织

⌣ = 在内侧和 ⊥ 用相同要领编织

= A色

= B色

91

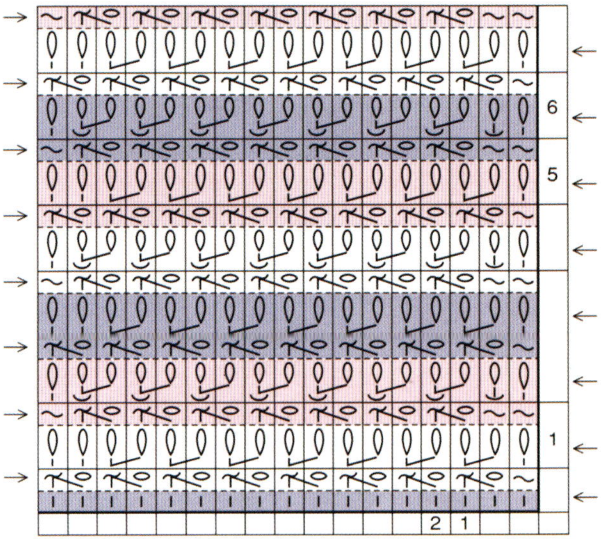

I =P7-2 ~ =P7-3 =P10-15

=编织退针2针并1针、锁针1针

=用与回针（P11-24）同样要领插入针编织锁针花

=挑起上一行的2针竖针编织锁针花2针

=用与回针（P11-24）同样要领挑起上一行的2针竖针编织锁针花2针

=A色 =B色 =C色

※配色线的更换方法…P65-b

92

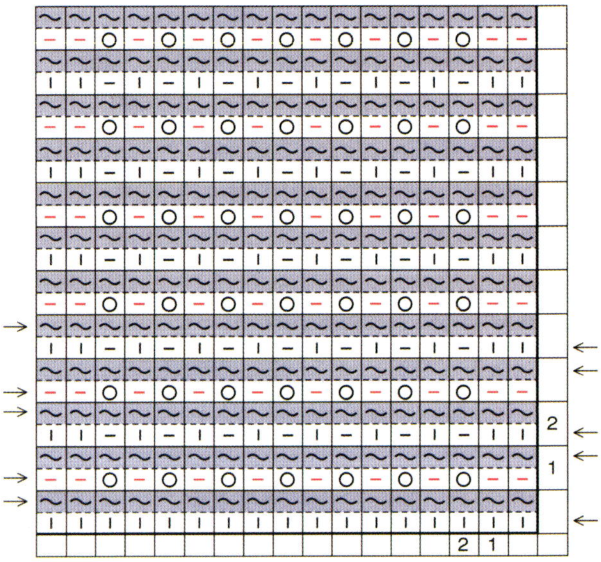

I =P7-2 ~ =P7-3 − =P7-4

○ =P8-6

− =在内侧和 I 用相同要领编织

=A色

=B色

93

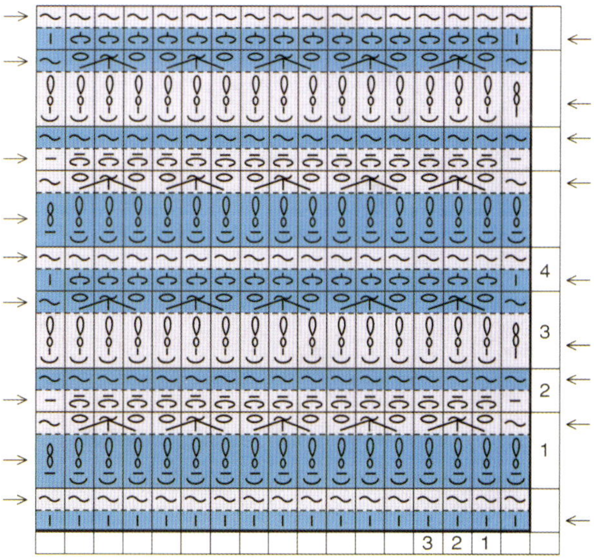

＝P7-2　　＝P7-3　　＝P11-23

＝P10-15　　＝用与回针（P11-24）同样要领插入针编织下针1针、锁针1针、锁针花1针

＝编织锁针1针、退针3针并1针、锁针1针

＝在内侧和　用相同要领编织

＝在内侧和　用相同要领编织

＝在内侧和　用相同要领编织

＝在内侧和　用相同要领编织

＝A色　　＝B色

94

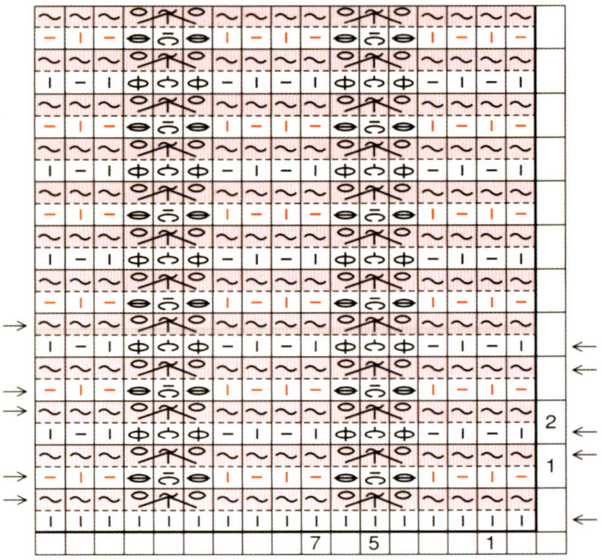

丨 =P7-2　～ =P7-3　↺ =P11-23

－ =P7-4　=编织锁针1针、退针3针并1针、锁针1针

－、丨 =在内侧和 丨、－ 用相同要领编织

↺ =在内侧和 ↺ 用相同要领编织

⊖ =在内侧和 ⊕ 用相同要领编织

=A色　=B色

95

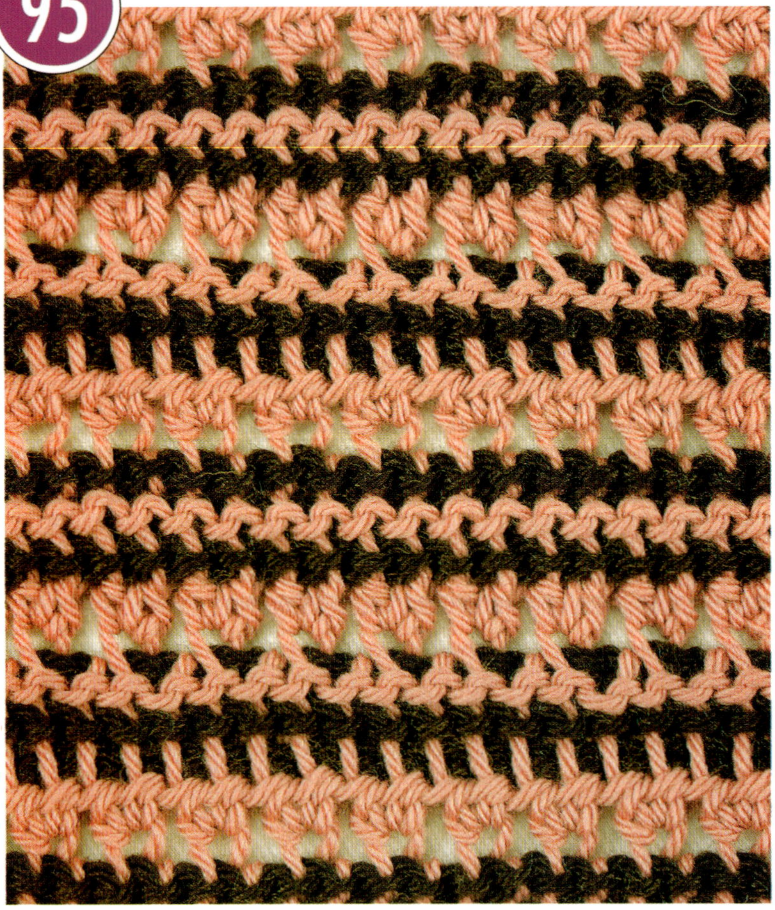

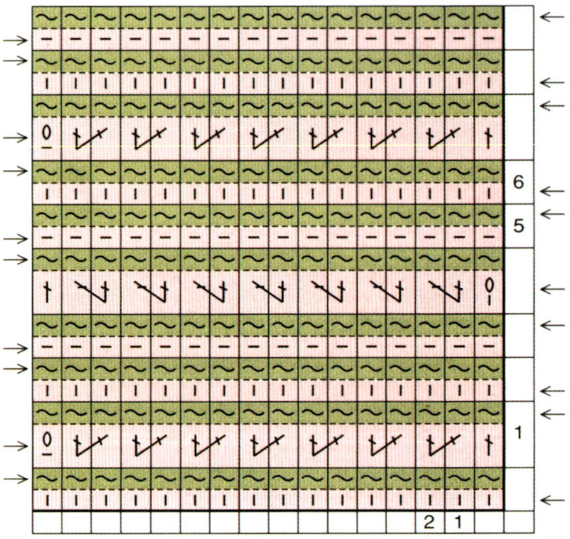

丨 =P7-2　～ =P7-3

† =P8-9　♀ =P10-15

、=编织1针放2针长针

－ =在内侧和 丨 用相同要领编织

♀ =在内侧和 ♀ 用相同要领编织

=A色　=B色

96

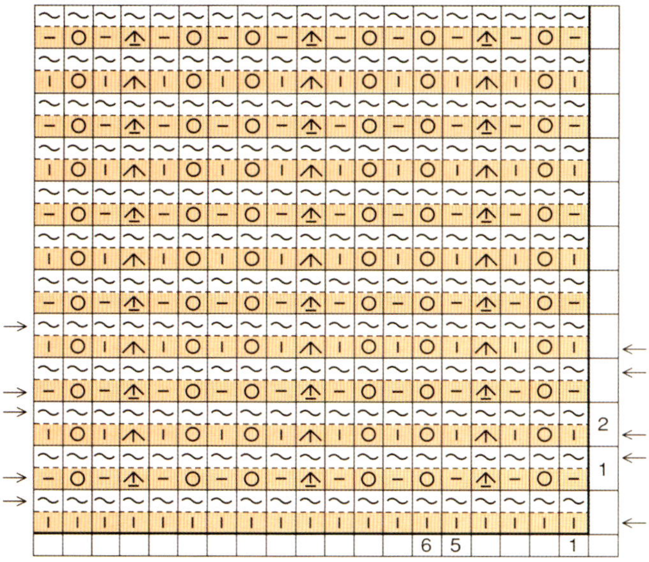

[|] ＝P7-2　[~] ＝P7-3　[O] ＝ P8-6

[个] ＝P10-20

[−] ＝在内侧和 [|] 用相同要领编织

[个̲] ＝在内侧和 [个] 用相同要领编织

[ ] ＝A色

[ ] ＝B色

97

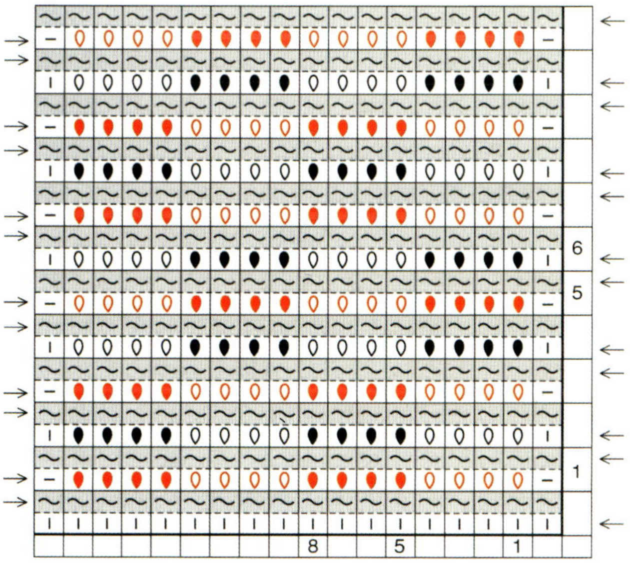

[|] ＝P7-2　[~] ＝P7-3　[0]、[●] ＝P8-5

[−] ＝在内侧和 [|] 用相同要领编织

[●]、[0] ＝在内侧和 [0]、[●] 用相同要领编织

[ ] ＝A色

[ ] ＝B色

98

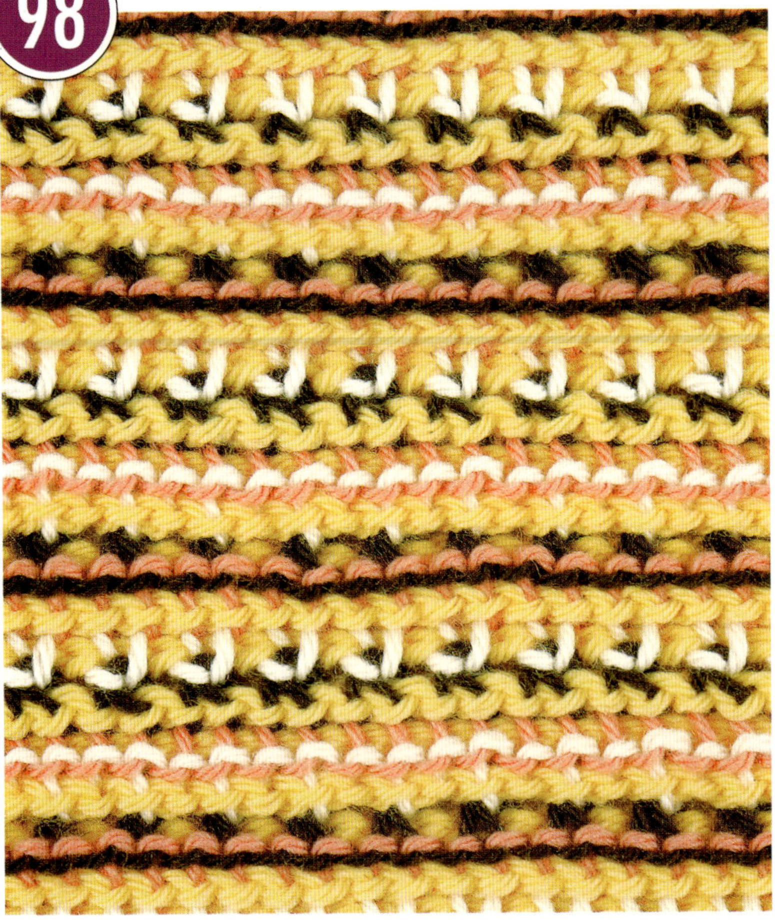

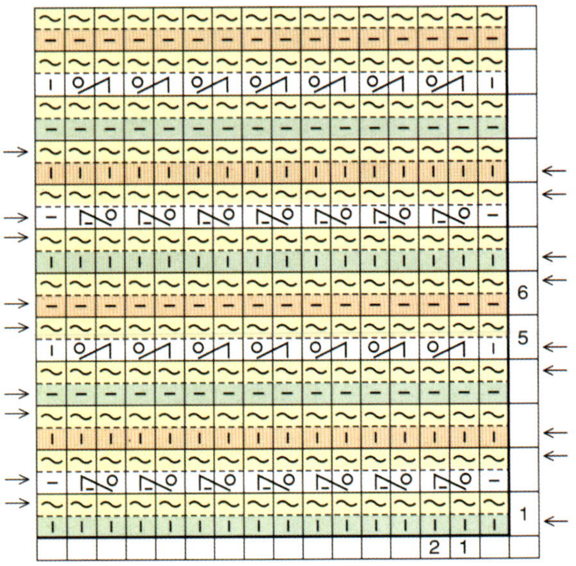

[|] ＝P7-2　[~] ＝P7-3

[♀/] ＝编织2针并1针、挂针

[–] ＝在内侧和 [|] 用相同要领编织

[\♀] ＝在内侧和 [♀/] 用相同要领编织

＝A色　＝C色

＝B色　＝D色

99

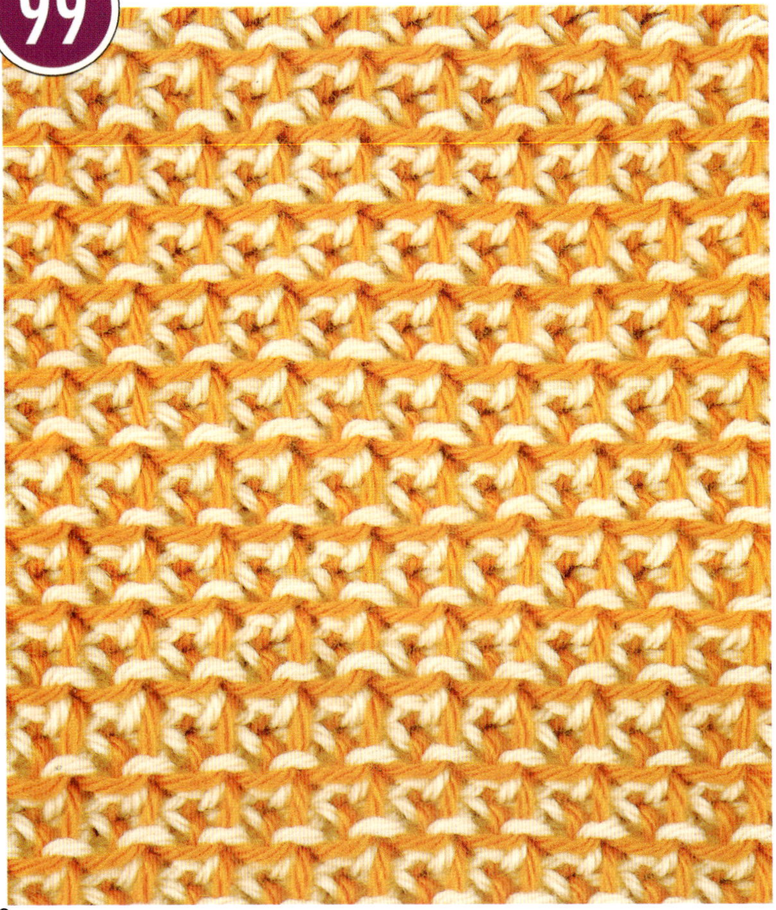

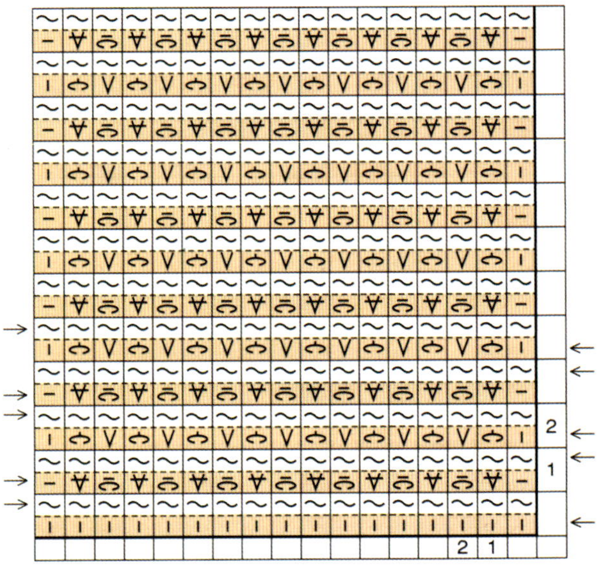

[|] ＝P7-2　[~] ＝P7-3　[↶] ＝ P11-23

[V] ＝P9-12

[–] ＝在内侧和 [|] 用相同要领编织

[↶̲] ＝在内侧和 [↶] 用相同要领编织

[V̶] ＝在内侧和 [V] 用相同要领编织

＝A色

＝B色

100

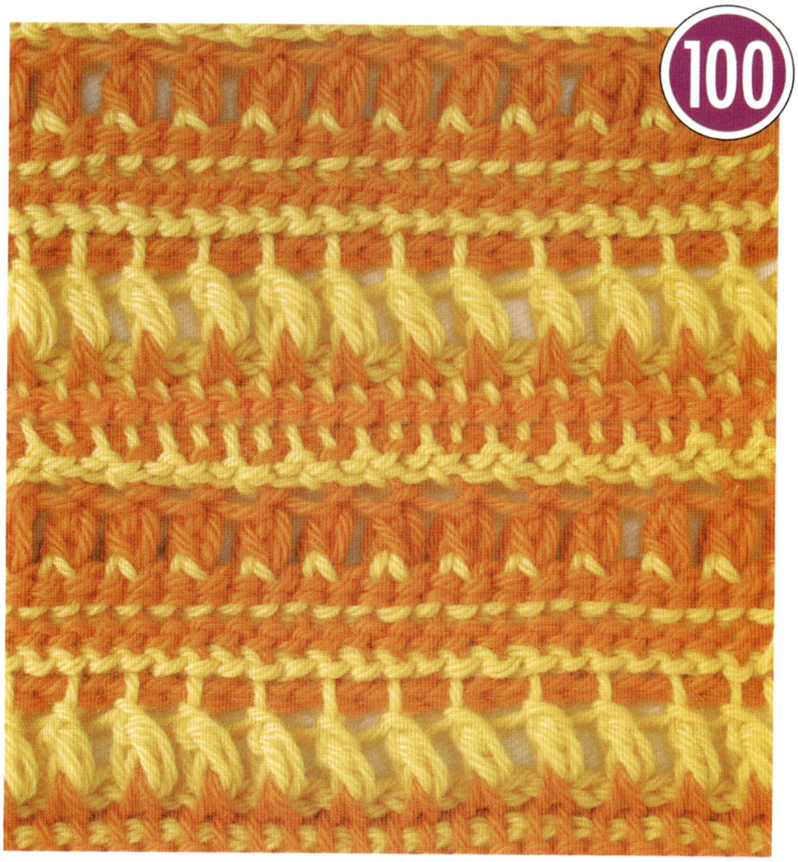

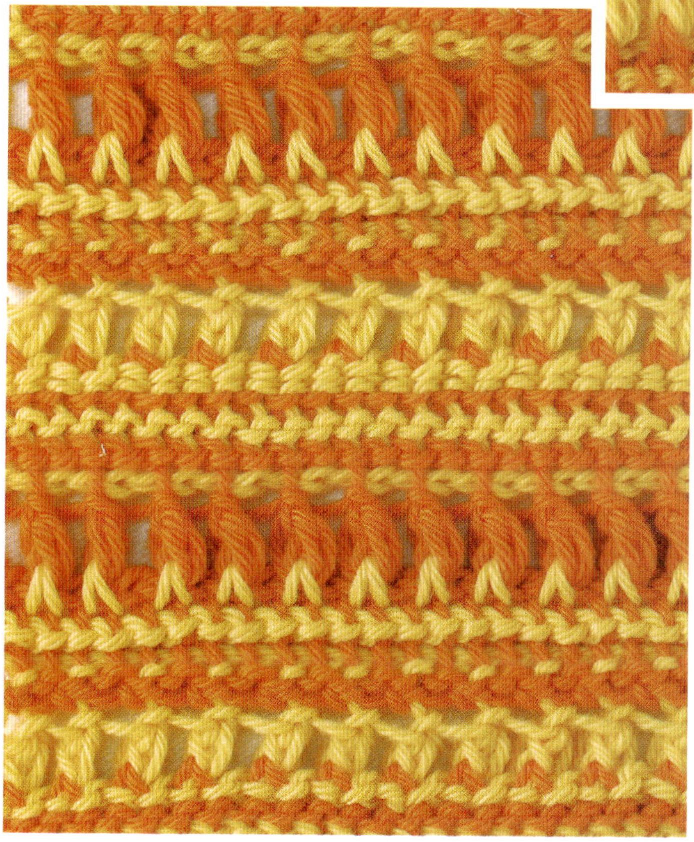

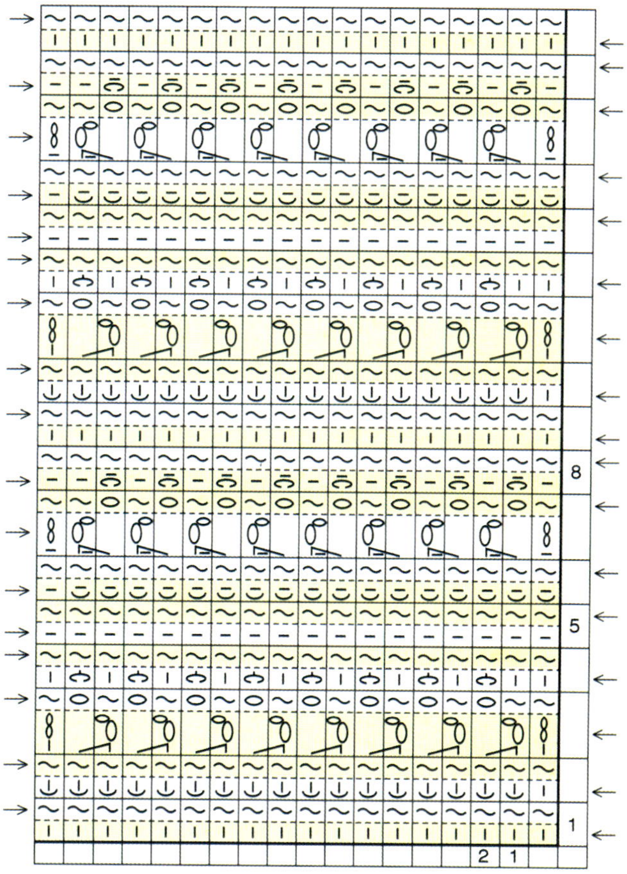

=在内侧和 用相同要领编织

=在内侧和 用相同要领编织

=在内侧和 用相同要领编织

=在内侧和 用相同要领编织

=在内侧和 用相同要领编织

=P7-2　=P7-3　=P11-23

=P11-24　=P7-1　=P10-15

=将上一行的2针竖针一起挑起编织中长针2针的枣形针、锁针1针

=A色　=B色

著作权合同登记号：图字16—2013—126

图书在版编目(CIP)数据

阿富汗编织基础教程和花样100/日本宝库社编著；梦工房译. —郑州：河南科学技术出版社，2015.2（2023.4重印）
ISBN 978-7-5349-7510-3

Ⅰ.①阿… Ⅱ.①日… ②梦… Ⅲ.①钩针－编织－图解 Ⅳ.①TS935.521-64

中国版本图书馆CIP数据核字(2014)第282644号

出版发行：河南科学技术出版社
地址：郑州市郑东新区祥盛街27号 邮编：450016
电话：（0371）65737028 65788613
网址：www.hnstp.cn
策划编辑：刘 欣
责任编辑：李 平
责任校对：耿宝文
封面设计：张 伟
责任印制：张艳芳
印 刷：河南新达彩印有限公司
经 销：全国新华书店
开 本：889 mm × 1194 mm 1/16 **印张**：6.5 **字数**：190千字
版 次：2015年2月第1版 2023年4月第2次印刷
定 价：49.00元